普通高等教育计算机类课改系列教材

eNSP网络应用实验

高 悦 贾 文 高振江 编著

西安电子科技大学出版社

内 容 简 介

本书是基于华为 eNSP 的计算机网络技术实验指导书，详细介绍了 eNSP 软件实验平台的功能和使用方法，并在此实验平台上通过对路由器和交换机的配置，实现网络构建和互联，同时还结合实践过程讲解了计算机网络应用中基本的路由器和网络互联、交换式以太网、三层交换机、虚拟局域网、路由协议等技术和实验方法，可作为学习计算机网络应用技术的实验参考。另外，本书对网络安全、动态主机配置、网络地址转换、生成树、链路聚合和 IPv6 等技术的实现也做了深入的探讨，为理解和实现复杂交换式以太网和互联网提供了理论和实践指导。

本书既可以作为高等院校计算机网络教学的配套实验教材，又可以作为计算机网络爱好者的自学参考书。

图书在版编目(CIP)数据

eNSP 网络应用实验 / 高悦，贾文，高振江编著. — 西安: 西安电子科技大学出版社，2021.6(2023.1 重印)

ISBN 978-7-5606-6072-1

Ⅰ. ①e… Ⅱ. ①高… ②贾… ③高… Ⅲ. ①计算机网络—实验 Ⅳ. ①TP393-33

中国版本图书馆 CIP 数据核字(2021)第 098005 号

策　　划　高　樱

责任编辑　高　樱

出版发行　西安电子科技大学出版社(西安市太白南路 2 号)

电　　话　(029)88202421　88201467　　邮　　编　710071

网　　址　www.xduph.com　　电子邮箱　xdupfxb001@163.com

经　　销　新华书店

印刷单位　陕西天意印务有限责任公司

版　　次　2021 年 6 月第 1 版　2023 年 1 月第 2 次印刷

开　　本　787 毫米 × 960 毫米　1/16　印　张　10

字　　数　194 千字

印　　数　1001～2000 册

定　　价　29.00 元

ISBN 978-7-5606-6072-1 / TP

XDUP 6374001-2

前　言

实践教学是巩固基本理论和基础知识、提高学生分析问题和解决问题能力的有效途径，是培养具有创新意识的高素质应用型人才的重要环节。尤其是在计算机网络专业课程的教学过程中，实践教学无论是在促进学生掌握基础理论知识和基本原理方面，还是在培养学生的动手能力、分析问题和解决实际问题的能力方面，都具有十分重要的作用。

本书在华为 eNSP 软件实验平台的基础上，介绍了网络互联、交换式以太网、三层交换机、虚拟局域网、路由协议、访问控制列表、动态主机配置、网络地址转换、生成树、链路聚合和 IPv6 等相关实验的方法和步骤，是学习计算机网络相关理论之后的实验教程。

书中每一章都设计了若干实验，内容由浅至深，从实验原理到实验过程中使用的关键命令和实验步骤都给出了详细的讲解，使读者不仅能更好地理解计算机网络的相关原理和技术，而且能掌握使用华为网络设备完成交换式以太网设计及实施的方法。

本书将华为 eNSP 软件实验平台与 Wireshark 相结合，通过分析实验过程中网络设备之间交换的报文类型和报文格式，使读者能更深刻地理解具体网络环境中各种协议的运行过程，为进一步实施复杂交换式以太网和互联网的设计、配置和验证提供参考。

本书由高悦、贾文、高振江编写，高悦负责统稿。在本书的编写过程中，编者参考了有关计算机网络的书刊及文献资料，并查阅了大量的网络资料，在此对相关作者表示感谢。

限于编者水平，书中难免有不足和疏漏之处，恳请广大读者批评指正，并提出宝贵的建议和意见。

编　者

2021 年 2 月

目　录

第 1 章　实验基础 1
1.1　双绞线的制作 1
1.1.1　实验目的 1
1.1.2　实验原理 1
1.1.3　实验步骤 3
1.1.4　拓展实验和思考 3
1.2　eNSP 介绍 4
1.2.1　功能介绍 4
1.2.2　用户界面 4
1.2.3　添加模块 10
1.2.4　CLI 界面 10
1.3　使用 Wireshark 进行数据捕获 12
1.3.1　实验目的 12
1.3.2　实验原理 12
1.3.3　实验步骤 12
1.4　使用 Wireshark 对捕获的数据包进行操作 15
1.4.1　实验目的 16
1.4.2　实验原理 16
1.4.3　实验步骤 16
第 2 章　交换机的配置和应用 21
2.1　交换机的基本配置 21
2.1.1　实验目的 22
2.1.2　命令视图 22
2.1.3　常用命令 22
2.1.4　设置交换机的管理地址 24
2.1.5　Console 口登录配置 24
2.1.6　Telnet 登录配置 25
2.2　VLAN 的划分和配置 27
2.2.1　实验目的 27
2.2.2　实验原理 28
2.2.3　实验步骤 28
2.2.4　实验结果 31
2.3　三层交换机实现 VLAN 间的通信 33
2.3.1　实验目的 33
2.3.2　实验原理 33
2.3.3　实验步骤 34
2.3.4　实验结果 36
2.4　单臂路由器互联 VLAN 实验 37
2.4.1　实验目的 37
2.4.2　实验原理 37
2.4.3　实验步骤 38
2.4.4　实验结果 40
第 3 章　路由器的配置和应用 43
3.1　路由器的基本配置 43
3.1.1　实验目的 43
3.1.2　实验步骤 43
3.2　直连路由的配置 48
3.2.1　实验目的 48
3.2.2　实验原理 48
3.2.3　实验步骤 49
3.2.4　实验结果 50
3.3　静态路由的配置 51
3.3.1　实验目的 51
3.3.2　实验原理 52
3.3.3　实验步骤 52

3.3.4 实验结果 54
第 4 章 动态路由协议 58
4.1 RIPv1 的基本配置 58
4.1.1 实验目的 58
4.1.2 实验原理 58
4.1.3 实验步骤 59
4.1.4 实验结果 62
4.2 连续子网的 RIPv2 基本配置 64
4.2.1 实验目的 64
4.2.2 实验原理 64
4.2.3 实验步骤 64
4.2.4 实验结果 66
4.3 非连续子网的 RIPv2 基本配置 67
4.3.1 实验目的 68
4.3.2 实验原理 68
4.3.3 实验步骤 68
4.3.4 实验结果 69
4.3.5 补充 71
4.4 单区域 OSPF 的配置 72
4.4.1 实验目的 72
4.4.2 实验原理 72
4.4.3 实验步骤 73
4.4.4 实验结果 74
4.5 广播多路访问中的 OSPF 配置 77
4.5.1 实验目的 78
4.5.2 实验原理 78
4.5.3 实验步骤 78
4.5.4 实验结果 79
4.6 多区域 OSPF 的配置 81
4.6.1 实验目的 81
4.6.2 实验原理 81
4.6.3 实验步骤 82
4.6.4 实验结果 83
第 5 章 网络安全与网络服务 88
5.1 基本访问控制列表的配置 88
5.1.1 实验目的 88
5.1.2 实验原理 88
5.1.3 实验步骤 89
5.1.4 实验结果 92
5.2 高级访问控制列表的配置 93
5.2.1 实验目的 93
5.2.2 实验原理 93
5.2.3 实验步骤 94
5.2.4 实验结果 97
5.3 DHCP 服务器的基本配置 99
5.3.1 实验目的 99
5.3.2 实验原理 100
5.3.3 实验步骤 100
5.3.4 实验结果 102
5.4 DHCP 中继的配置 102
5.4.1 实验目的 102
5.4.2 实验原理 103
5.4.3 实验步骤 103
5.4.4 实验结果 105
第 6 章 网络地址转换 107
6.1 静态 NAT 的配置 107
6.1.1 实验目的 107
6.1.2 实验原理 108
6.1.3 实验步骤 108
6.1.4 实验结果 109
6.2 动态 NAT 的配置 111
6.2.1 实验目的 111
6.2.2 实验原理 112
6.2.3 实验步骤 112
6.2.4 实验结果 113
6.3 端口地址转换的配置 115

6.3.1 实验目的 115
6.3.2 实验原理 115
6.3.3 实验步骤 116
6.3.4 实验结果 122
第 7 章 生成树和链路聚合 125
7.1 生成树的配置 125
7.1.1 实验目的 125
7.1.2 实验原理 125
7.1.3 实验步骤 126
7.1.4 实验结果 130
7.2 链路聚合的配置 132
7.2.1 实验目的 132
7.2.2 实验原理 133
7.2.3 实验步骤 133
7.2.4 实验结果 135
第 8 章 IPv6 协议 139
8.1 IPv6 静态路由的配置 139
8.1.1 实验目的 139
8.1.2 实验原理 139
8.1.3 实验步骤 140
8.1.4 实验结果 142
8.2 双协议栈的配置 144
8.2.1 实验目的 144
8.2.2 实验原理 144
8.2.3 实验步骤 144
8.2.4 实验结果 147
参考文献 151

第1章　实验基础

本章介绍了计算机网络实验所需的一些基础知识，如硬件设备、操作系统、相关软件及协议等，为开展后续的计算机网络实验奠定了基础。

1.1　双绞线的制作

从性价比和可维护性等方面考虑，非屏蔽双绞线(Unshielded Twisted Pair，UTP）是目前大多数局域网常用的网络传输介质。

1.1.1　实验目的

(1) 了解与布线有关的标准；
(2) 学会使用制作双绞线的工具；
(3) 了解并学会制作直连线和交叉线；
(4) 掌握简单网线测线仪的使用方法。

1.1.2　实验原理

1. 双绞线

双绞线价格低廉，安装简单，因而应用广泛。根据封装时是否包裹金属屏蔽层，双绞线可分为屏蔽双绞线(Shielded Twisted Pair，STP）和非屏蔽双绞线两种。屏蔽双绞线通过屏蔽层来减少线对相互间的电磁干扰，因此抗干扰能力较好，但价格相对昂贵。非屏蔽双绞线利用线的对扭来减少电磁干扰。除非有特殊需要，通常在综合布线系统中采用非屏蔽双绞线。

按照电气性能与质量的不同，非屏蔽双绞线可以分为三类(CAT 3)、四类(CAT 4)、五类(CAT 5)、超五类(CAT 5E)、六类(CAT 6)和七类(CAT 7)线，其中三类、四类线目前在市场上几乎没有了。数字越大，带宽越宽，价格也越昂贵。目前在一般局域网中常见的是五类、超五类或者六类非屏蔽双绞线。五类线的传输速率为 10～100 Mb/s，最大传输距离为 100 m，主要用于 100 Base-T 和 10 Base-T 网络，这是最常见的以太网电缆。超五类线是指通过性能增强设计后可支持 1 Gb/s 传输的五类线缆。六类线是专为 1 Gb/s 传输而设计生产的，它是目前在水平布线中普遍使用的 UTP 线缆。七类线主要适用于万兆以太网技术，但它不再是一种非屏蔽双绞线了，而是一种屏蔽双绞线，它可以提供至少 500 MHz 的综合衰减串扰比和 600 MHz 的整体带宽，传输速率可达 10 Gb/s。

2. RJ-45 水晶头

RJ-45 水晶头是由金属片和塑料构成的。将 RJ-45 插头正面(有铜针的一面)面朝观察者，使有铜针一头朝上方，连接线缆的一头朝下方，这时从左至右 8 个铜针依次编号为 1～8。

3. UTP 线缆的线序

双绞线的线序涉及 T568A 和 T568B 两个标准，如表 1.1 和表 1.2 所示。双绞线不同的线序连接方法是为了保证线缆接头布局的对称性，从而使接头内线缆之间的干扰相互抵消。根据双绞线两端线序的不同，可分为直连线、交叉线和反转线三种。

表 1.1　T568A 线序连接标准

线序	1	2	3	4	5	6	7	8
颜色	白绿	绿	白橙	蓝	白蓝	橙	白棕	棕

表 1.2　T568B 线序连接标准

线序	1	2	3	4	5	6	7	8
颜色	白橙	橙	白绿	蓝	白蓝	绿	白棕	棕

1) 直连线

直连线也称为直通线，其两端 RJ-45 中的电缆按照相同的次序排列。最常用的直连线连接标准是 T568B。直连线用于连接不同的设备，例如计算机和交换机的以太网端口，或在结构化布线中将计算机连接到信息插座，由配线架连接到交换机等。

2) 交叉线

交叉线通常一端按照 T568A 标准排列，另一端按照 T568B 标准排列。交叉线通常用于连接相同的设备，例如计算机和计算机相连、交换机和交换机相连，或者计算机和路由器相连等。

3) 反转线

反转线也称控制线或全反电缆，一端采用 T568A 或 T568B 标准，另一端把 T568A 或

T568B 的线序从第一根到最后一根反过来。在对网络设备进行初始配置时，反转线用于连接主机和路由器或交换机等网络设备的控制台串行通信端口，其一端连接在计算机的串行口上，另一端连接在网络设备的 Console 口上。

1.1.3 实验步骤

第一步，剥线。剪一段双绞线，一般不短于 1 m。利用压线钳的剥线刀口将双绞线的外保护套划开，将划开的外保护套剥去。注意不要将里面双绞线的绝缘层划破。一般剥开长度为 2～3cm。

第二步，拨线。将裸露的双绞线中四对线按照从左至右橙、绿、蓝、棕的顺序排列，将每一对线拨开，按照 T568B 标准，从左至右按照白橙/橙/白绿/蓝/白蓝/绿/白棕/棕的顺序排列，并将它们捋平。

第三步，剪线。将 8 根导线平坦整齐地平行排列，中间不留空隙，用压线钳的剪线刀口将导线剪齐。通常剪后未绞合在一起的导线长度为 14 mm。

第四步，插入水晶头。将剪好的导线平行插入 RJ-45 接头，注意将 RJ-45 连接器的塑料压片朝下，RJ-45 的口朝向自己。第一只引脚内应放白橙色的线。反复调整，使导线全部插入 RJ-45 接头的顶端，并确保电缆线的外保护套最后能够在 RJ-45 插头内的凹陷处被压实。

第五步，压线。检查并确保无误后，将 RJ-45 插头放入压线钳的压头槽内，双手握紧压线钳的手柄用力压，使插头的 8 个针脚接触点(内部的金属薄片)能够穿破导线的绝缘层，分别和 8 根导线紧紧地压接在一起。在双绞线的另一端重复以上步骤，即可完成直连线的制作。如果另一端采用 T568A 标准，则可完成交叉线的制作。

第六步，测线。将制作好的双绞线两端的 RJ-45 接头分别插入测线仪两端，打开测线仪电源开关，检查制作的双绞线是否合格。如果是直通线，在网线正常的情况下测线仪两边的 8 个指示灯会按照从 1 至 8 的顺序循环绿灯闪亮。如果是交叉线，则一边的绿灯闪亮顺序为 1～8，另一边的顺序则为 36145278。如果绿灯不是按这个顺序闪亮，或者 8 个指示灯有的呈现绿灯闪亮，有的呈现红灯闪亮，则说明双绞线存在线序问题。如果有的呈现绿灯闪亮，有的不亮，则说明双绞线存在接触不良的问题。

1.1.4 拓展实验和思考

用制作好的交叉线连接两台计算机，通过观察指示灯的工作状态判断其物理连通性，并通过 ping 命令来测试其连通性，如图 1.1 所示。

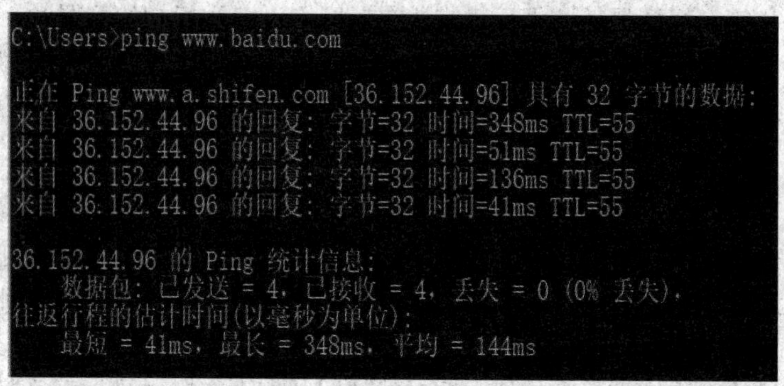

```
C:\Users>ping www.baidu.com

正在 Ping www.a.shifen.com [36.152.44.96] 具有 32 字节的数据:
来自 36.152.44.96 的回复: 字节=32 时间=348ms TTL=55
来自 36.152.44.96 的回复: 字节=32 时间=51ms TTL=55
来自 36.152.44.96 的回复: 字节=32 时间=136ms TTL=55
来自 36.152.44.96 的回复: 字节=32 时间=41ms TTL=55

36.152.44.96 的 Ping 统计信息:
    数据包: 已发送 = 4, 已接收 = 4, 丢失 = 0 (0% 丢失),
往返行程的估计时间(以毫秒为单位):
    最短 = 41ms, 最长 = 348ms, 平均 = 144ms
```

图 1.1 使用 ping 命令测试网络的连通性

1.2 eNSP 介绍

华为公司发布的 eNSP(enterprise Network Simulation Platform)是一款为网络初学者提供的软件实验平台，可以对各种规模的网络拓扑进行设计、配置和调试。它的一个重要特点是它与网络封包分析软件 Wireshark 相结合，可以基于具体网络环境分析各种协议运行过程中网络设备之间交换的报文类型和报文格式。

1.2.1 功能介绍

eNSP 是一款免费的、可扩展的、图形化操作的网络仿真工具平台，主要对路由器、交换机进行软件仿真，利用设备命令行接口(Command-Line Interface，CLI)界面对网络设备进行配置，通过启动分组端到端传输过程检验网络中任意两个终端之间的连通性。在没有真实设备的情况下，它能够完美呈现真实设备实景，支持大型网络模拟，可作为辅助教学工具和软件实验平台。

网络中分组传输的过程是各种协议、各种网络技术相互作用的结果。eNSP 与 Wireshark 相结合，可以观察网络设备之间各种协议实现过程中涉及的报文类型和报文格式，便于用户了解网络环境下各种协议的工作流程、各种网络技术的工作机制以及它们之间的相互作用过程，并深刻理解网络工作原理。

1.2.2 用户界面

启动 eNSP 之后出现如图 1.2 所示的界面。点击“新建拓扑”，出现如图 1.3 所示的用户界面。

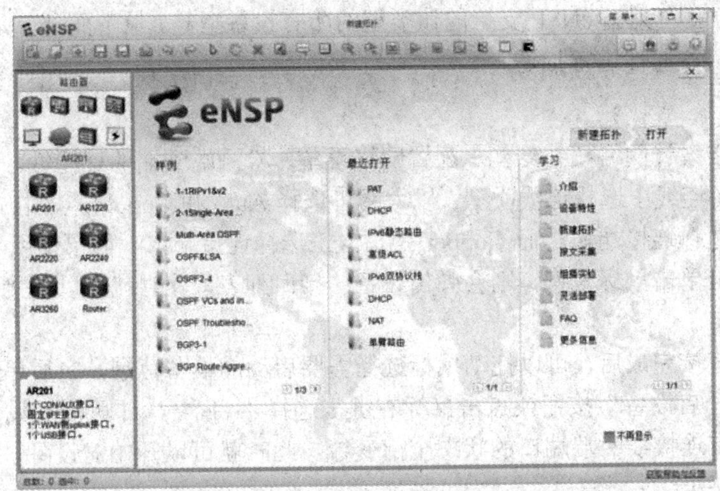

图 1.2 eNSP 启动界面

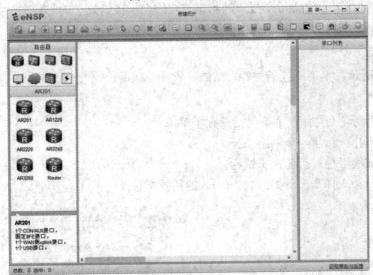

图 1.3 eNSP 用户界面

图 1.3 所示用户界面的左侧部分是网络设备区，可以在这个区域选择所用的设备和连线。中间部分是工作区，在此区域可以完成网络拓扑的构建。右侧是设备接口区，列出设备的所有接口。用户界面右上角是主菜单，主菜单下方是工具栏。

1. 网络设备区

网络设备区分为三个部分。上面部分是设备类型选择，包括路由器、交换机、无线局域网设备、防火墙、终端、其他设备、自定义设备类型和设备连线等。选择了设备类型之后，在中间部分就会列出 eNSP 支持的该类型的所有设备型号。最下面部分是设备描述区，对所选设备的基本属性进行描述。

2. 工作区

工作区用于设计网络拓扑结构、配置网络设备、检测端到端的连通性。完成设备放置后，可以在设备连线中选择连线类型。以太网可选择 Auto 和 Copper，其中 Auto 是指自动按照编号顺序选择连接端口，而 Copper 是指人工选择连接端口。如果使用 Copper，在需要连接的设备上单击鼠标左键，则会弹出设备的接口列表，此时就可以在接口列表中选择需要连接的接口。

网络拓扑连接完成后，可以拖动鼠标选择需要启动的设备范围，之后单击工具栏中的绿色三角形“开启设备”按钮或点击鼠标右键，选择“启动”，即可启动设备。当设备启动完成后，所有连接线两端端口的状态全部变绿，此时就可以开始对设备进行配置。

3. 设备接口区

设备接口区可显示设备每个接口的状态。红色表示接口处于关闭状态，绿色表示接口已启动，蓝色表示接口正在捕获报文。

4. 主菜单

如图 1.4 所示，主菜单包括文件、编辑、视图、工具、考试和帮助。

1)“文件”菜单

如图 1.5 所示，“文件”菜单包括下列子菜单：

- 新建拓扑：新建一个网络拓扑；
- 新建试卷工程：新建一份试卷；
- 打开拓扑：打开一份扩展名为.topo 的拓扑文件；

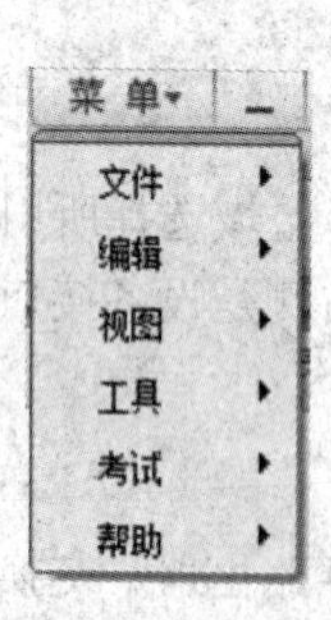

图 1.4　主菜单

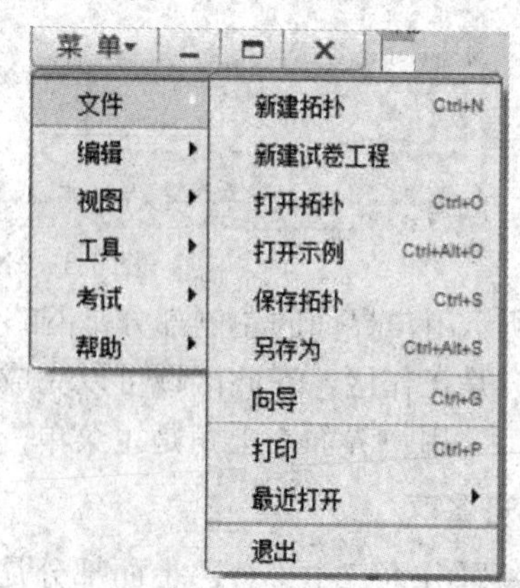

图 1.5　“文件”菜单

- 打开示例：打开 eNSP 自带的示例文件；
- 保存拓扑：保存工作区的拓扑；
- 另存为：将工作区的拓扑另存为其他拓扑文件；
- 向导：给出图 1.2 所示的界面；
- 打印：打印工作区的拓扑；
- 最近打开：显示最近打开的拓扑文件；
- 退出：退出 eNSP。

2)“编辑”菜单

如图 1.6 所示，“编辑”菜单包括如下子菜单：

- 撤销：撤销最近完成的操作；
- 恢复：恢复最近撤销的操作；
- 复制：复制工作区中的拓扑；
- 粘贴：粘贴复制的拓扑。

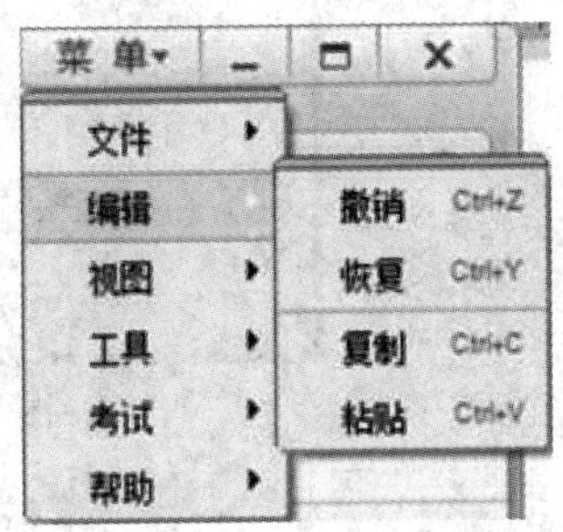

图 1.6 “编辑”菜单

3)“视图”菜单

如图 1.7 所示，“视图”菜单包括两个子菜单：

- 缩放：放大、缩小工作区的拓扑或复位到初始大小；
- 工具栏：勾选左工具栏，显示网络设备区；勾选右工具栏，显示设备接口区。

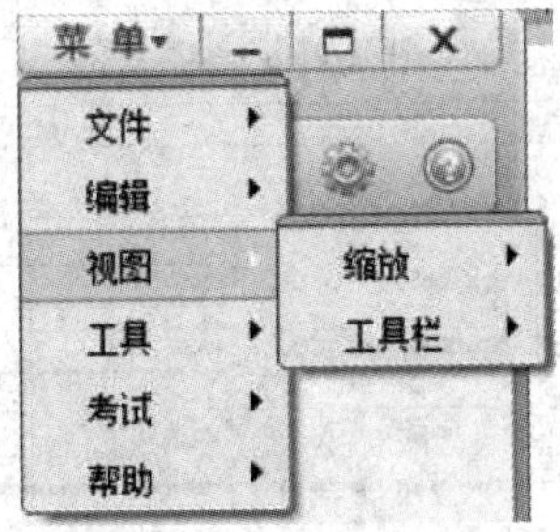

图 1.7 “视图”菜单

4) “工具”菜单

如图 1.8 所示，“工具”菜单包括以下子菜单：

- 调色板：用于设置图形的边框类型、边框粗细和是否填充，如图 1.9 所示；
- 启动设备：启动选择的设备；
- 停止设备：停止选择的设备；
- 数据抓包：启动 Wireshark，采集数据报文；
- 选项：对有关界面、字体、工具等进行配置，如图 1.10 所示；
- 合并/展开 CLI：将多个设备的 CLI 窗口合并为一个或者分别为每个设备生成一个 CLI 窗口；
- 注册设备：用于注册 AR、AC、AP 设备；
- 添加/删除设备：用于增加或删除某设备型号，如图 1.11 所示。

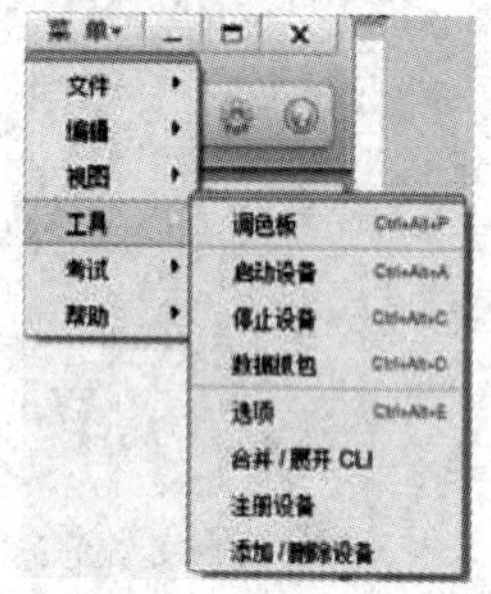

图 1.8　“工具”菜单

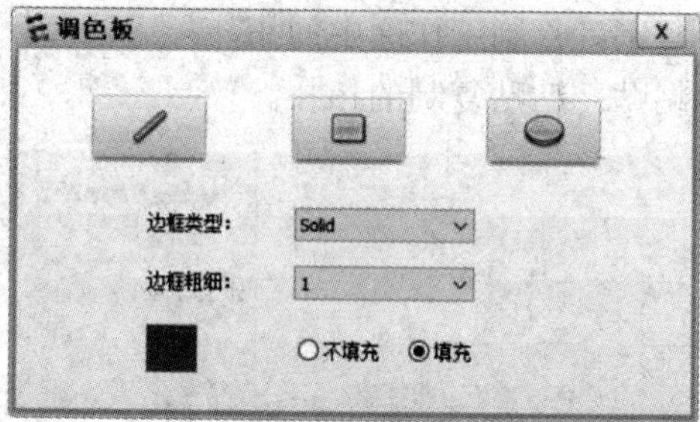

图 1.9　调色板

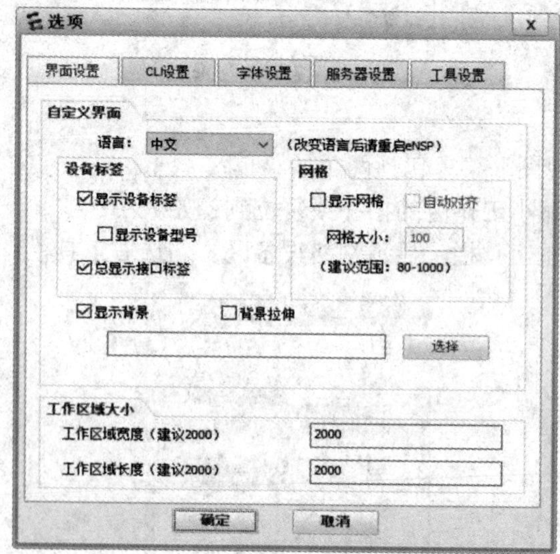

图 1.10　“选项”配置界面

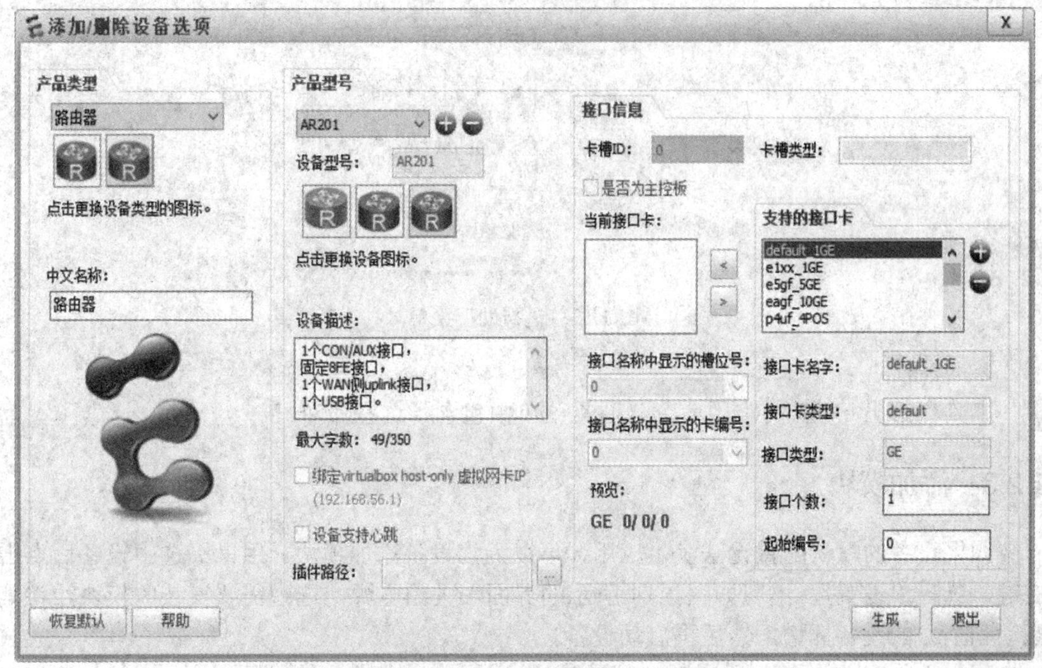

图 1.11　添加/删除设备选项界面

5)“考试”菜单

对生成的试卷进行阅卷，如图 1.12 所示。

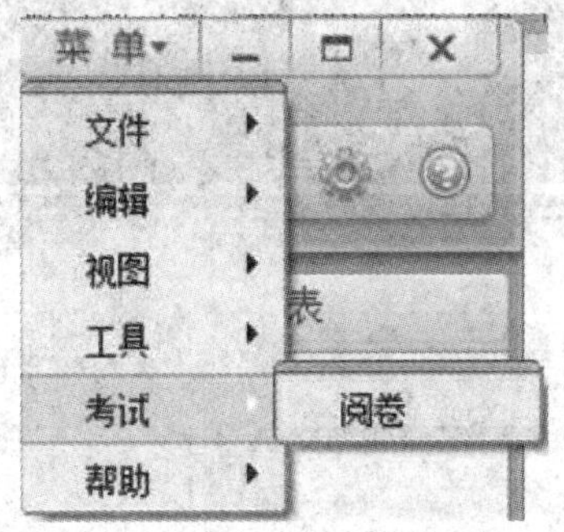

图 1.12　“考试”菜单

6)“帮助”菜单

如图 1.13 所示，“帮助”菜单包括以下子菜单：

- 目录：查看 eNSP 使用手册；
- 检查更新：查看是否有新版本可以更新；
- 关于 eNSP：查看版本。

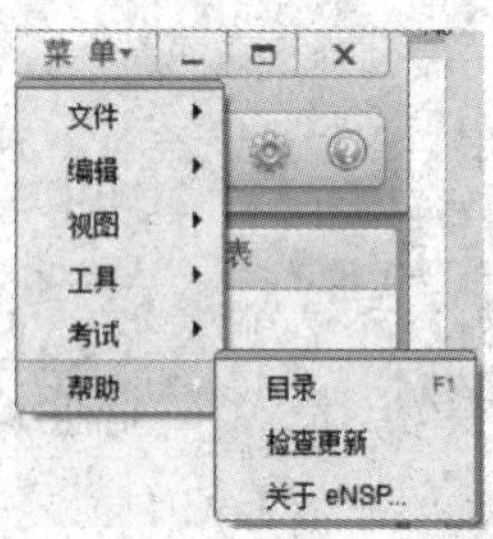

图 1.13　“帮助”菜单

5. 工具栏

工具栏给出 eNSP 的常用命令，通常菜单中包含了这些命令。

1.2.3　添加模块

如果设备的默认配置无法满足应用，可以为该设备添加模块。用鼠标选中设备后点击右键，选择“设置”，出现如图 1.14 所示的界面。关闭电源，选中需要安装的模块，将其拖动到上方的设备插槽，然后再启动设备。

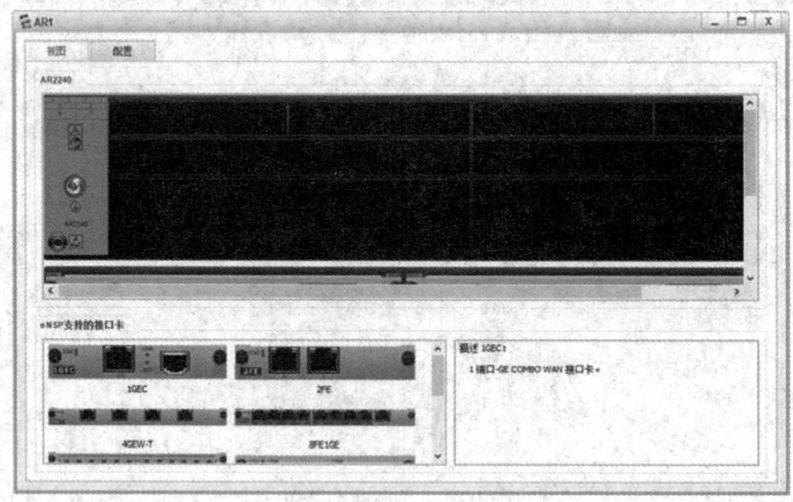

图 1.14　模块安装界面

1.2.4　CLI 界面

启动工作区的设备之后，双击该设备则进入 CLI 配置界面，用户可以通过输入命令来实现对网络设备的配置和管理。此时进入用户视图，其命令提示符为

<Huawei>

在用户视图下键入“?”，可以查看当前视图下的有关命令。此时用户只能查看和修改一些网络设备的状态和控制信息，不能配置网络设备，如图 1.15 所示。

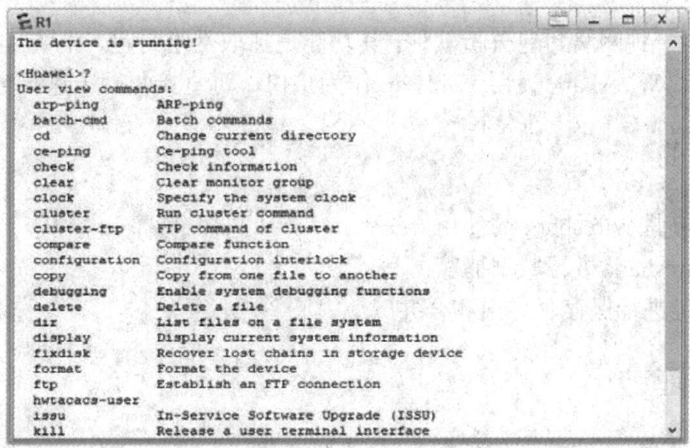

图 1.15　用户视图

在用户视图下输入命令 system-view，则可进入系统视图，如图 1.16 所示。系统视图的命令提示符为

[Huawei]

在系统视图下，用户可以查看、修改网络设备的状态和控制信息，对网络设备进行配置。如果需要对网络设备的某些功能进行配置，则需要从系统视图进入此功能的视图模式。

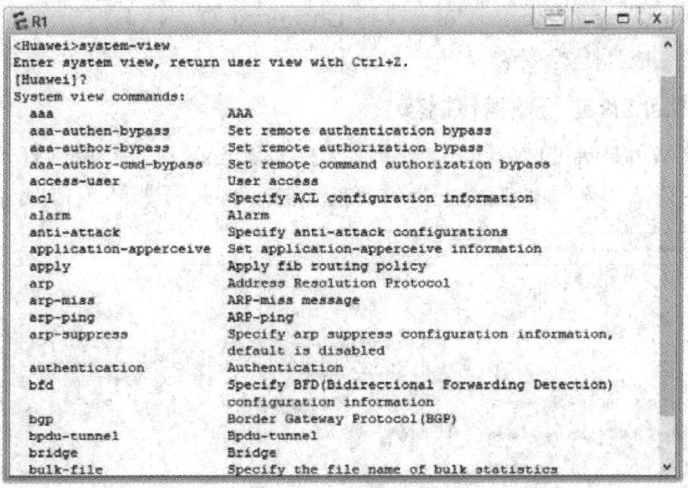

图 1.16　系统视图

1.3　使用 Wireshark 进行数据捕获

Wireshark 是一种网络封包分析软件，其功能是抓取网络封包，并尽可能地显示出详细的网络封包资料。Wireshark 使用 WinPcap 作为接口，可直接与网卡进行数据报文交换。

1.3.1　实验目的

(1) 理解并掌握 Wireshark 的使用方法；
(2) 使用 Wireshark 进行数据捕获；
(3) 对数据包进行保存、导出和合并。

1.3.2　实验原理

数据包捕获工具(也叫数据包嗅探器)是从网络介质上收集原始的二进制数据，通过将选定的网卡设置为混杂模式来完成抓包的。在这种模式下，网卡将抓取一个网段上所有的网络通信流量，再对抓取的数据进行转换，以使其成为可读的形式，便于对其进行分析。

1.3.3　实验步骤

1. Wireshark 在 Windows 系统中的安装

可以通过 http://www.wireshark.org 找到 Download 页面，选择一个镜像站下载最新版的安装包，下载完成后进行安装。

2. 使用 Wireshark 进行数据包捕获

第一步，从 Windows 的“开始”菜单中选择“Wireshark”并单击打开。

第二步，在菜单中选择“Capture”→“Interface”，打开如图 1.17 所示的界面。

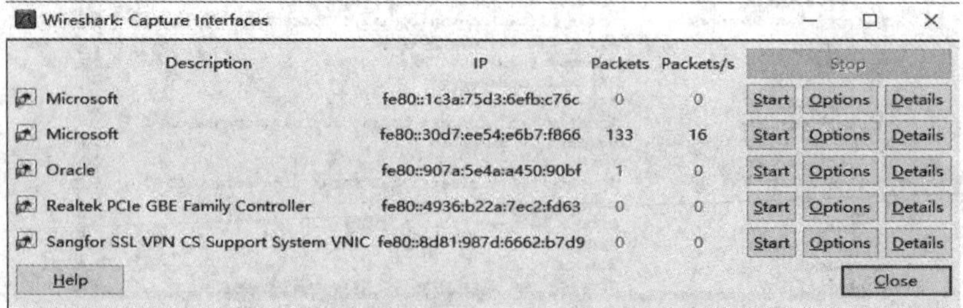

图 1.17　Wireshark 捕获界面

第三步，在图 1.17 的界面中选择一个用来捕获数据包的设备，点击“Start”，等待 1 分钟左右，在“Capture”的菜单上单击“Stop”选项，停止捕获。

第四步，在 Wireshark 的主窗口上查看已经捕获到的数据包列表及其他内容，如图 1.18 所示。

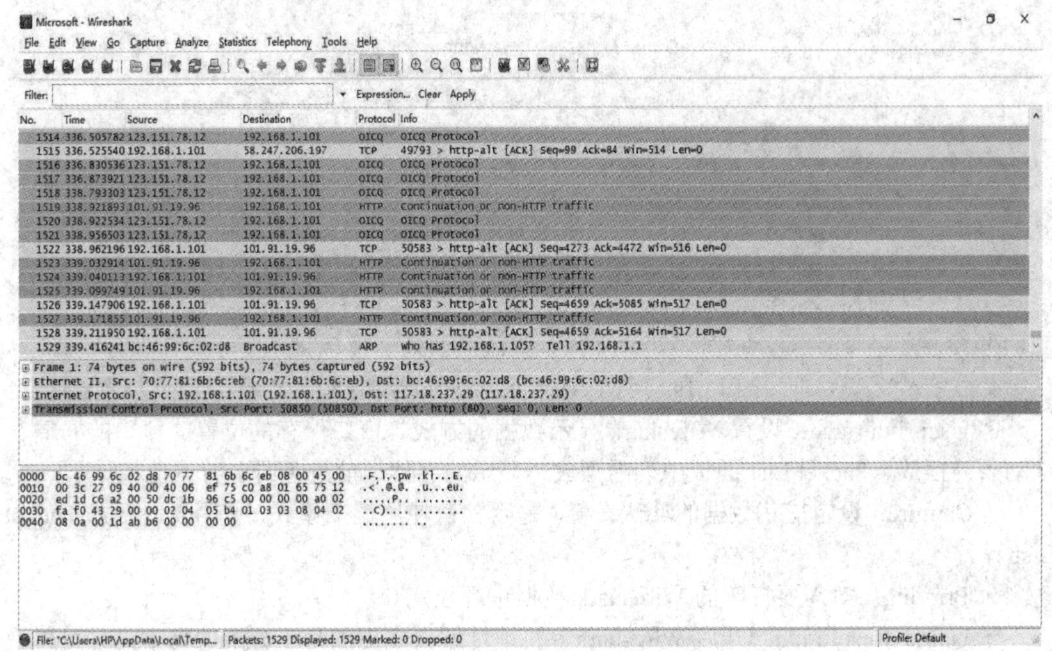

图 1.18　Wireshark 捕获到的数据包列表

在如图 1.18 所示的窗口中，有三个子面板，从上至下分别是 Packet List(数据包列表)面板、Packet Details(数据包细节)面板和 Packet Bytes(数据包字节)面板。这三个面板互相之间有着紧密的联系。在 Packet List 面板中选中所要查看的数据包，在 Packet Details 面板中选中该数据包中的相应字段，在 Packet Bytes 面板中显示其十六进制信息。

- Packet List(数据包列表)面板：显示当前捕获文件中的所有数据包，包括数据包的序号、被捕获的相对时间、数据包的源地址和目标地址、数据包的协议以及在数据包中找到的概况信息等。
- Packet Details(数据包细节)面板：分层次显示一个数据包中的具体内容。
- Packet Bytes(数据包字节)面板：以十六进制的形式显示原始数据包。

3. 修改首选项使 Wireshark 更加易用

Wireshark 提供了一些首选项设定，用户可以根据自己的需要进行修改或者定制。依次点击“Edit”→“Preferences”，打开首选项对话框，如图 1.19 所示。

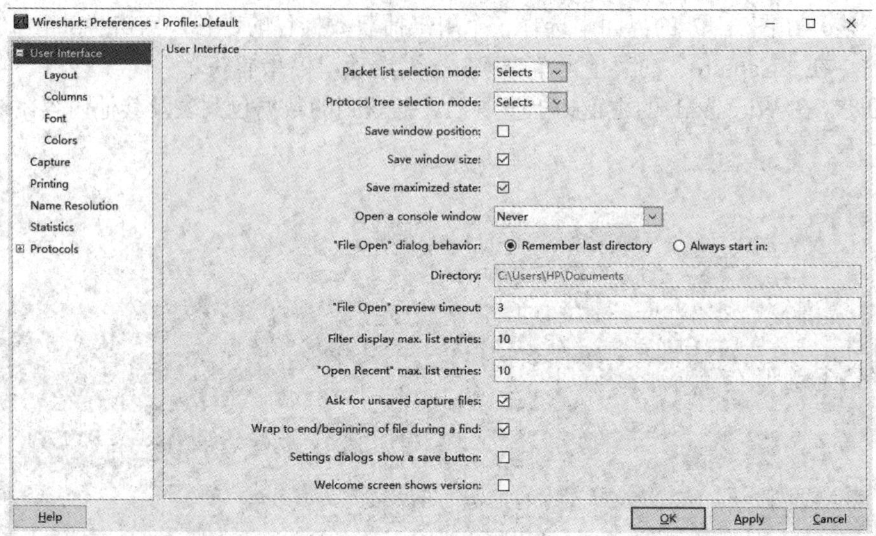

图 1.19　“Wireshark Preferences”对话框

• User Interface：设置 Wireshark 显示数据的方式、窗口保存的位置、窗口的布局、滚动条的摆放、Packet List 面板中列的摆放、显示的字体、前景色或者背景色等。

• Capture：设定捕获数据的默认设备，是否默认使用混杂模式，是否实时更新 Packet List 等。

• Printing：对需要打印的 Wireshark 数据进行设定。

• Name Resolution：开启 Wireshark，将地址解析成更加易于分辨的名字，并可以设定并发处理名字、解析请求的最大数目。

• Statistics：提供 Wireshark 中统计功能的设定。

• Protocols：点击其左边的“+”号，会出现一份“协议”列表，在这份列表里包含了诸多常用或不常用协议，并非每一个协议都有配置选项，可以修改一些协议的某些选项。但是需要注意的是，除非有特殊的原因需要修改，否则最好保持其默认值。

4. 数据包高亮显示

默认情况下，Wireshark 对不同协议的数据包使用不同的颜色进行高亮显示。例如 DNS 流量使用蓝色，HTTP 使用绿色等。可以使用 Wireshark 菜单中的“View”→“Coloring Rules”窗口查看每个协议的颜色，也可以创建自己的着色规则。

5. 保存、导出和合并捕获文件

1) 保存

点击菜单“File”→“Save As”可以将捕获的文件进行保存，默认使用.pcap 文件格式保存。保存时，可以选择标记的数据包保存，如图 1.20 所示。

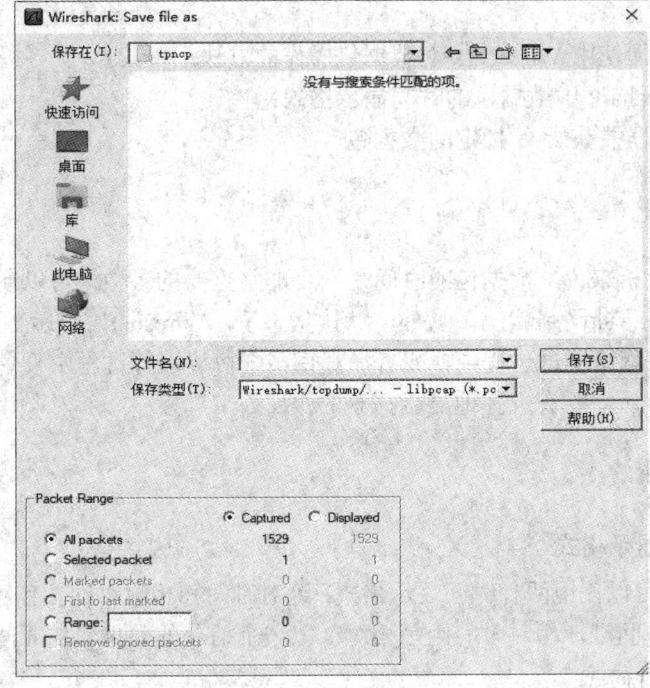

图 1.20 保存文件

2) 导出

选择“File”→“Export”可以将数据包文件导出。可以同时将 Wireshark 捕获的数据导出到几种不同格式的文件中，以便于在其他工具中查看，或者导入到其他的数据包分析工具中。

3) 合并

可以将多个捕获的文件合并到一个文件中，选择“File”→“Merge”，会弹出“Merge with Capture File”对话框。

1.4 使用 Wireshark 对捕获的数据包进行操作

华为 eNSP 与 Wireshark 相结合，可以捕获网络设备运行过程中交换的各种类型的报文，并显示报文中各个字段的值。利用 Wireshark 可以对捕获到的数据包进行必要的操作和处理，以便更好地对数据进行分析。

1.4.1　实验目的

(1) 理解并掌握使用 Wireshark 对数据包操作的方法；

(2) 设置 Wireshark 中数据包的时间显示格式；

(3) 使用过滤器捕获/显示指定的数据包。

1.4.2　实验原理

对于数据包分析来说，数据包的时间是一个非常重要的参数，可以通过数据包的时间先后顺序来查看或诊断网络状况。另外，默认状态下，Wireshark 显示输入/输出指定接口的全部报文。但在网络调试过程中，或者在观察某个协议运行过程中设备之间交换的报文类型和报文格式时，需要有选择地显示捕获的报文。

1.4.3　实验步骤

1. 设置时间显示格式

Wireshark 中可以使用两种时间显示格式：绝对时间和相对时间。绝对时间是由操作系统为数据包打的时间戳，相对时间则是相对于上一个捕获的数据包的时间戳。

1) 设置绝对时间

如图 1.21 所示，在“View”→“Time Display Format”菜单中可以选择不同的时间显示格式和显示精度。

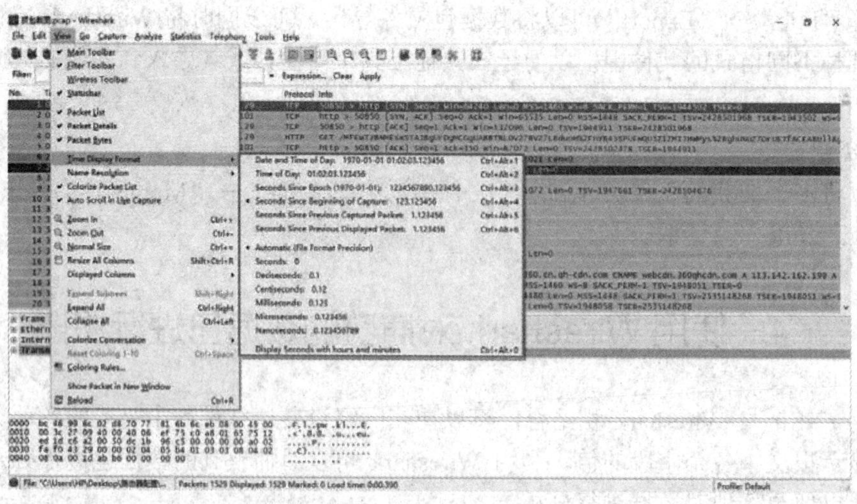

图 1.21　设置数据包的绝对时间格式

2) 设置相对时间

相对时间是以一个数据包的捕获时间为基准，之后的数据包都以此计算相对时间戳。这样的设定对于在捕获开始后发生的事件来说非常有用。

首先，在 Packet List 面板中选择一个数据包作为参考数据包，然后在菜单中依次选择“Edit”→“Set Time Reference”即可，取消的方法相同。选定的参考数据包的时间以“*REF*”显示，如图 1.22 所示。

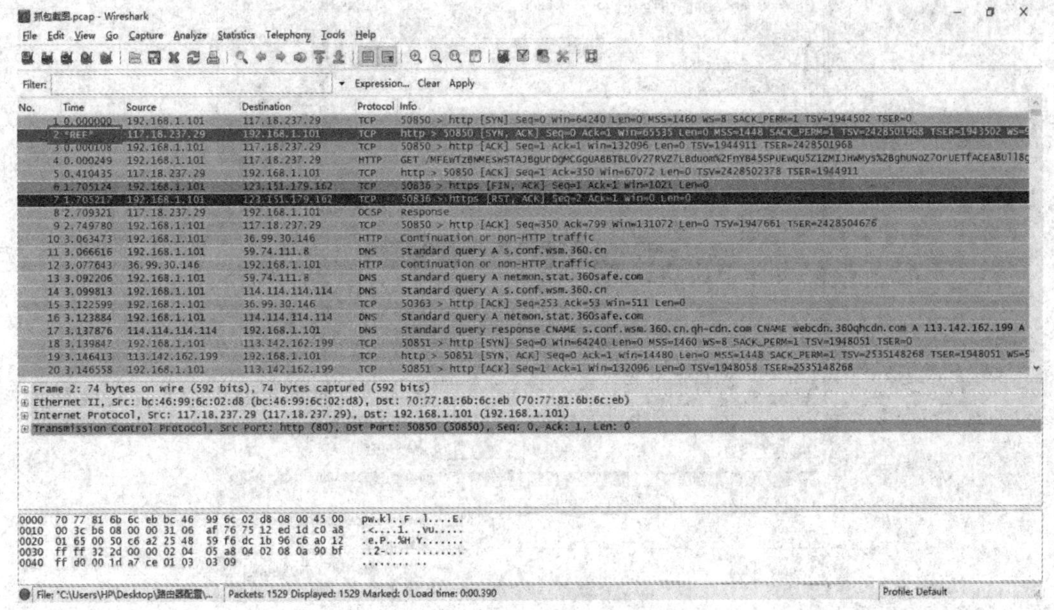

图 1.22　设置数据包的相对时间格式

2. 过滤器的分类

Wireshark 中的过滤器可以更加便捷地捕获和显示指定的数据包。一般情况下，Wireshark 捕获到的数据包各式各样，包含了所有经过指定设备的网络数据包，分析时会带来很大的干扰。使用过滤器将不必要或者不用于分析的数据包屏蔽掉，会大大提高数据包分析的效率。Wireshark 中有捕获过滤器和显示过滤器两种过滤器。

1) 捕获过滤器

只需要分析指定的数据包时，可以使用捕获过滤器对数据包在捕获过程中进行过滤。

具体步骤如下：

第一步，可以依次点击“Capture”→“Interface”，打开捕获接口对话框，选择要使用的捕获设备，点击右边的“Option”按钮，打开“Capture Option”对话框。

第二步，在“Filter Button”右边的对话框中输入一个表达式，或者点击“Filter Button”

按钮，在“Capture Filter”的对话框中选择一个过滤器。

第三步，设定好过滤器后，点击“Start”按钮开始捕获。

这样，所有捕获的数据均为满足设定过滤器的数据包。例如，图 1.23 选择的是 TCP 协议中 HTTP 端口的数据包，此时捕获到的所有数据均是端口为 80 的数据包，这样对数据包进行分析就更加高效了。

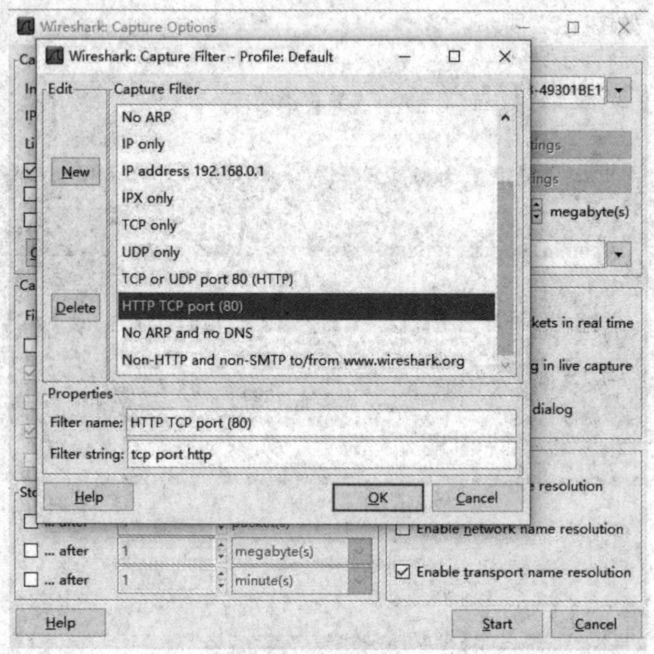

图 1.23　捕获过滤器

2) 显示过滤器

显示过滤器的作用是在 Wireshark 中仅显示符合过滤条件的数据包。在 Packet List 面板上方的“Filter”文本框中输入一个过滤条件，即可使用显示过滤器对要显示的数据包进行过滤。例如，在数据包列表中要过滤掉所有的 ICMP 数据包，则可以在显示过滤器中输入过滤条件“!icmp”，如图 1.24 所示。

图 1.24　显示过滤器

3. 过滤器的使用

使用过滤器有以下几种方法：

(1) 通过对话框使用过滤器。在如图 1.24 所示的过滤器中点击“Expression…”，打开过滤器对话框，如图 1.25 所示。

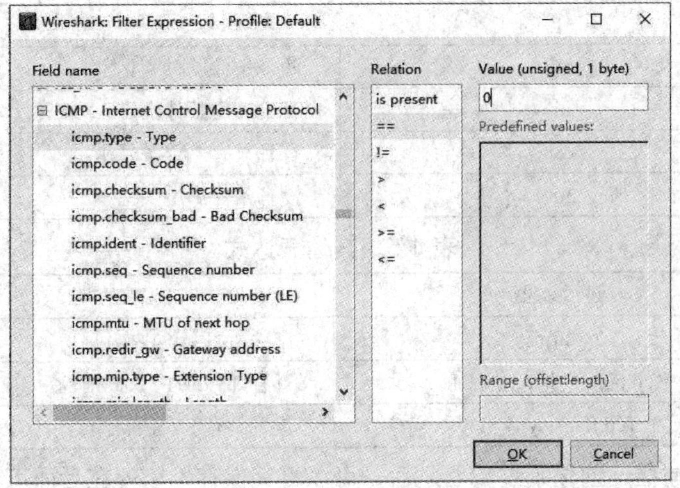

图 1.25　过滤器对话框

具体使用步骤如下：

第一步，找到要在过滤器中使用的协议，点击协议名旁边的“+”，展开该协议相关的所有选项；

第二步，选择过滤关系，如等于、大于或小于；

第三步，输入相关值；

第四步，点击“OK”生效。

(2) 使用表达式定义过滤器。例如，如果需要查看捕获的数据包列表中关于 192.168.20.1 这个地址的所有数据包，就可以使用以下表达式来对数据包进行过滤：

ip.addr==192.168.20.1

Wireshark 中的比较运算符、逻辑运算符及其他表达式分别如表 1.3～表 1.5 所示。

表 1.3　比较运算符

操 作 符	说　明
==	等于
!=	不等于
>	大于
<	小于
>=	大于等于
<=	小于等于

表 1.4　逻辑运算符

操 作 符	说　明
and	两个条件同时满足
or	其中一个条件满足
xor	有且只有一个条件满足
not	没有条件满足

表 1.5　其他表达式

过 滤 器	说　明
!arp	排除所有 arp 数据包
Tcp.port 25‖tcp.port 21	查看邮件或 FTP 数据包
Tcp.flags.syn==1	查看具有 SYN 标志位的 TCP 数据包

(3) 保存过滤器。创建了过滤器之后，可以将其保存，以便在后面可以多次使用。保存过滤器的步骤如下：

第一步，打开 Capture Filter；

第二步，点击“New”按钮，创建新过滤器；

第三步，在“Filter Name”中定义过滤器的名称；

第四步，在“Filter String”中输入实际的过滤器表达式；

第五步，点击“Save”按钮，保存过滤器。

第 2 章　交换机的配置和应用

交换机(Switch)是一种用于电(光)信号转发的网络设备，它可以为接入交换机的任意两个网络节点提供独享的电信号通路。交换机基于媒体接入控制(Medium Access Control，MAC)表来转发 MAC 帧，它将连接设备的 MAC 地址与相应的端口进行映射，存放在交换机缓存的 MAC 地址表中。按照功能划分，常见的交换机有以太网交换机、光纤交换机、电话语音交换机等。按照交换机的工作层次划分，则分为二层交换机、三层交换机和多层交换机。

2.1　交换机的基本配置

交换机的管理方式可以分为带内管理(In band)和带外管理(Out of band)两种模式。带内管理是指通过同一个信道传送管理控制信息和数据信息，而带外管理则是通过不同的信道来传送管理控制信息和数据信息。带内管理会占用数据传输的带宽，其管理方式是通过网络来实施的，当网络出现故障时，数据传输和管理控制都无法正常进行。带外管理则是设备为管理控制提供了专门的带宽，不占用设备的网络资源。

从交换机的访问方式来说，通过 Telnet、Web 和 SNMP(Simple Network Management Protocol)的方式对交换机进行远程管理都属于带内管理，而通过交换机的 Console 口对它进行管理的方式属于带外管理。

如果交换机支持 Telnet 功能，通过对交换机和 Telnet 用户端进行相应配置，就可以通过 Telnet 方式对交换机进行远程管理和维护。

交换机也可以通过 Web 进行管理，但需要给交换机指定一个 IP 地址，这个 IP 地址仅用于管理交换机。默认状态下交换机没有 IP 地址，必须通过串口或其他方式指定一个 IP 地址之后，才能启用这种管理方式。

简单网络管理协议 SNMP 是专用于在 IP 网络中管理网络节点(服务器、工作站、路由器、交换机及 Hub 等)的一种标准协议。凡是遵循 SNMP 协议的设备，均可以通过 SNMP 网络管理软件管理网络上的交换机、路由器和服务器等。

Console 线缆用于连接交换机的 Console 口和计算机的串口。可以在计算机上使用“超级终端”或其他应用软件作为管理终端，设定好连接参数，就可以与交换机交互了。

2.1.1　实验目的

(1) 熟悉交换机中的命令视图；
(2) 掌握交换机的基本配置命令；
(3) 掌握交换机管理地址的配置；
(4) 掌握通过 Console 口和 Telnet 方式对交换机进行配置。

2.1.2　命令视图

系统将命令行接口划分为若干个命令视图，系统的所有命令都注册在某个命令视图下，只有在相应的命令视图下才能够执行该视图下的命令。

1. 用户视图

交换机开机后即进入用户视图。在用户视图下可查看交换机的简单运行状态和统计信息，执行 quit 命令即可断开与交换机的连接。用户视图的提示符如下：

```
<Huawei>
```

2. 系统视图

在用户视图下，输入命令 system-view 即可进入系统视图。在系统视图下可以配置系统参数，执行 quit 命令则返回用户视图。系统视图的提示符如下：

```
[Huawei]
```

3. 接口视图

在系统视图下，输入设备的接口号如 interface GigabitEthernet0/0/1，即可进入接口视图。在接口视图可以对接口进行相关参数的配置，执行 quit 命令则返回系统视图。接口视图的提示符如下：

```
[Huawei-GigabitEthernet0/0/1]
```

另外，在任何视图下执行 return 命令都直接返回到用户视图。

2.1.3　常用命令

1. sysname 命令

sysname 命令用于设置交换机名称。在系统视图下执行以下命令，可将默认的交换机名 Huawei 改为 Switch。

```
<Huawei>system-view
```

[Huawei]sysname Switch

[Switch]

2. undo 命令

undo 命令用于撤销已执行的操作，只需在需要取消的命令之前增加 undo 即可。

3. display 命令

display 命令用于显示信息。如：

display history-command：显示历史命令；

display current-configuration：显示当前配置信息；

display interface：显示接口信息；

display ip routing-table：显示路由信息。

可以通过帮助来查看 display 命令可以显示的信息，如图 2.1 所示。

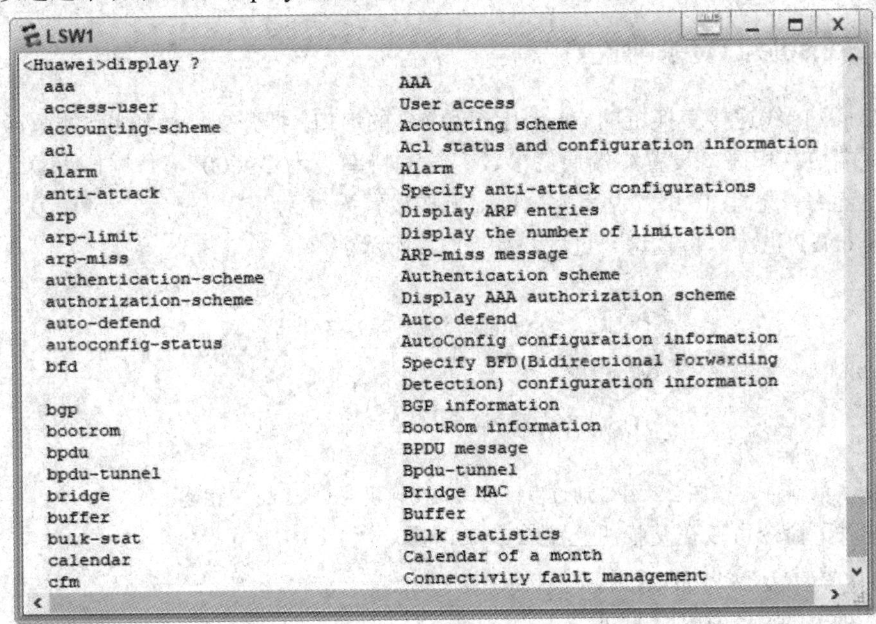

图 2.1　查看 display 命令可以显示的信息

4. save 命令

在用户视图下使用该命令保存交换机的配置。

5. reboot 命令

reboot 命令为重新启动命令。如果重新启动之前没有保存交换机的配置，重启之后未保存的配置信息会丢失。

2.1.4　设置交换机的管理地址

二层交换机工作在数据链路层，只有 MAC 地址，其物理接口不能配置 IP 地址。为了对交换机进行管理，可以设置二层交换机虚拟接口的 IP 地址，这样就可以通过 Telnet 或 Web 方式登录交换机。

在默认情况下，交换机所有的接口都属于 VLAN 1，VLAN 1 是出厂前设置好的，不能删除。可以给 VLAN 1 配置 IP 地址和子网掩码，作为交换机的管理地址。以下命令中的 192.168.1.1 即为交换机的管理地址，24 为网络地址的长度，也可以写成子网掩码 255.255.255.0。

```
<Huawei>system-view
[Huawei]interface vlanif 1
[Huawei-Vlanif1]ip address 192.168.1.1 24
```

2.1.5　Console 口登录配置

用 Console 线连接交换机的 Console 口和 PC 的串口，打开交换机和 PC 的电源。在 PC 上运行终端仿真程序，设置终端通信参数。将波特率设为“9600”，数据位设置为“8”，奇偶位设置为“无”，停止位设置为“1”，流控设置为“无”。

利用 eNSP 也可以仿真这一过程，如图 2.2 所示。

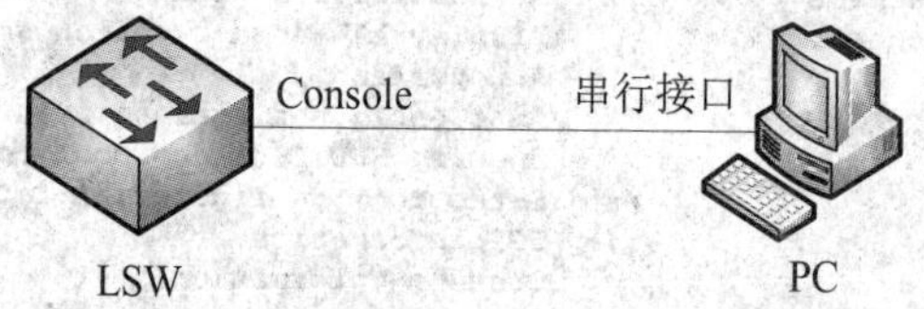

图 2.2　PC 通过串行接口与交换机的 Console 口相连

通过以下命令可以在交换机上配置登录密码。

```
<Huawei>system-view
[Huawei]user-interface console 0
[Huawei-ui-console0]authentication-mode password
[Huawei-ui-console0]set authentication password simple Huawei@123
[Huawei-ui-console0]return
<Huawei>save
```

其中的关键命令说明如下：

user-interface console 0：进入控制台接口；

authentication-mode password：设置认证方式为密码验证；

set authentication password simple Huawei@123：设置密码为 Huawei@123，其中关键字 simple 表示明文显示，关键字 cipher 表示密文显示。

在 PC 上进行如图 2.3 所示的参数配置后，点击“连接”，此时提示输入密码才能连接到交换机。

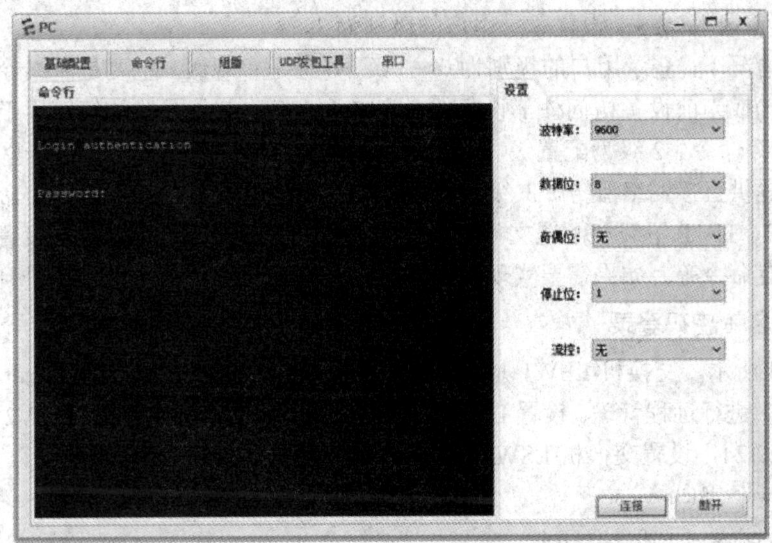

图 2.3　PC 配置串口参数后连接到交换机

2.1.6　Telnet 登录配置

如果交换机已经配置了管理地址，就可以通过 Telnet 方式登录到交换机，进行远程配置。可以通过“仅密码”或“账号+密码”两种方式登录。

1. 仅密码登录

```
<Huawei>system-view
[Huawei]user-interface vty 0 4
[Huawei-ui-vty0-4]authentication-mode password
[Huawei-ui-vty0-4]set authentication password simple Huawei@123
[Huawei-ui-vty0-4]user privilege level 3
[Huawei-ui-vty0-4]return
<Huawei>save
```

关键命令说明如下：

user-interface vty 0 4：进入用户界面，vty 是交换机远程登录的虚拟接口，0 4 表示可以同时打开 5 个会话；

authentication-mode password：设置认证方式为密码验证；

set authentication password simple Huawei@123：设置密码为 Huawei@123，simple 为明文显示，cipher 为密文显示；

user privilege level 3：设置登录用户的级别为 3。

在默认情况下，登录用户的级别为 0～3 级。0 级是参观级，主要是网络诊断工具命令(ping、tracert)或当前设备访问外部设备的命令(Telnet)等。1 级是监控级，用于系统维护，包括 display 等命令。2 级为配置级，主要是业务配置命令，包括路由、各个网络层次的命令，向用户提供直接网络服务。3 级为管理级，主要是用于系统基本运行的命令，包括文件系统、FTP、TFTP 下载和配置文件切换命令、用户管理命令、命令级别设置命令、系统内部参数设置命令等。如果需要实现权限的精细管理，可以将命令级别提升到 0～15 级。

2. 用户名 + 密码登录

如图 2.4 所示，交换机 LSW1 是需要配置的交换机，LSW2 则作为 Telnet 的模拟登录设备对 LSW1 进行远程管理。设置 LSW1 的管理地址为 192.168.1.1/24，LSW2 的管理地址为 192.168.1.2/24，设置交换机 LSW1 使用用户名+密码登录的命令如下所示。

```
<Huawei>system-view
[Huawei]user-interface vty 0 4
[Huawei-ui-vty0-4]authentication-mode aaa
[Huawei-ui-vty0-4]quit
[Huawei]aaa
[Huawei-aaa]local-user admin password cipher Huawei@123
[Huawei-aaa]local-user admin service-type telnet
[Huawei-aaa]local-user admin level 3
[Huawei-aaa]return
<Huawei>save
```

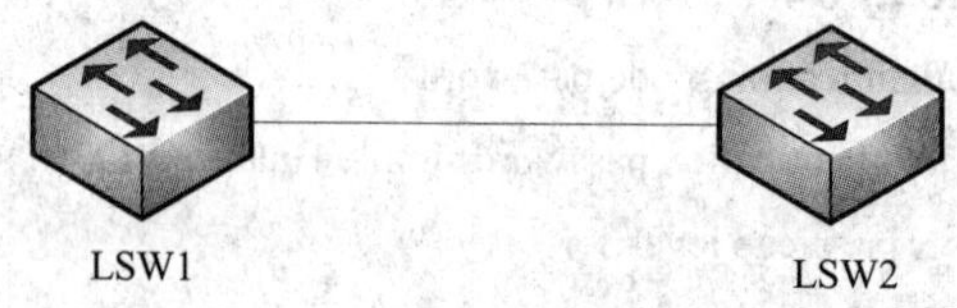

图 2.4　通过 Telnet 方式登录交换机连接拓扑

关键命令说明如下：

authentication-mode aaa：验证方式为 AAA 认证；

local-user admin password cipher Huawei@123：在 AAA 视图下执行，设置用户名为 admin，密码为 Huawei@123；

local-user admin service-type telnet：配置用户的登录服务类型为 Telnet。

图 2.5 为通过 LSW2 远程登录 LSW1，输入用户名和密码之后即可对交换机 LSW1 进行管理。

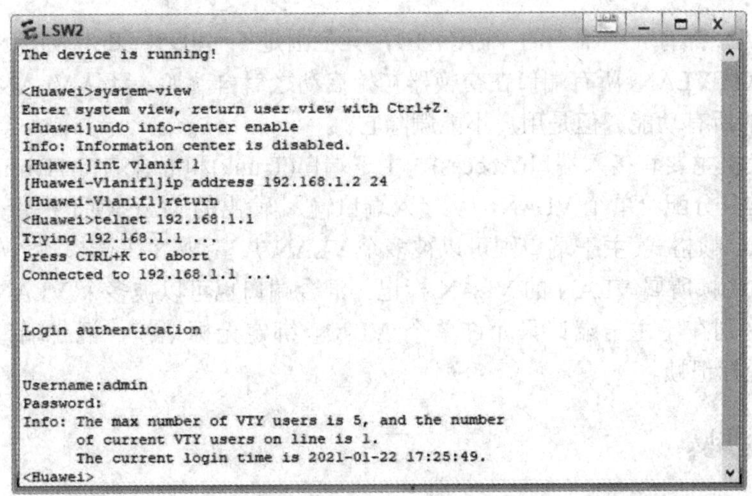

图 2.5　通过 LSW2 远程登录 LSW1

2.2　VLAN 的划分和配置

虚拟局域网(Virtual LAN)是一种通过将局域网内设备的逻辑地址划分成若干网段并进行管理的技术。可以基于端口、MAC 地址、IP 地址和协议等方式来划分 VLAN，本实验采用端口划分的方式。

VLAN 是在一个物理网段内通过交换机软件对网络进行逻辑上的划分，组成虚拟工作组或逻辑网段。VLAN 非常灵活，不受物理位置的限制，可以在单台交换机上或跨交换机实现。相同 VLAN 上的设备即使没有连接在同一交换机上，彼此之间也可以通信。不同 VLAN 上的设备不能直接通信，必须通过路由设备的转发。VLAN 可以隔离广播风暴，广播数据包只能在本 VLAN 中进行，因而提高了网络的安全性。

2.2.1　实验目的

(1) 掌握基于交换机端口划分 VLAN 的方法；

(2) 熟悉交换机端口的 Access 模式和 Trunk 模式；
(3) 验证属于同一 VLAN 的终端之间能够通信；
(4) 验证属于不同 VLAN 的终端不能通信。

2.2.2 实验原理

每个 VLAN 都有一个唯一的 VLAN ID，其范围是 1～4094，其中 VLAN 1 通常在出厂时被作为默认 VLAN，所有端口在交换器初始启动之后自动加入默认 VLAN。默认 VLAN 具有 VLAN 的所有功能，但是用户不能删除它。

华为交换机主要有接入端口(Access)、主干端口(Trunk)和混合端口(Hybrid)三种类型。接入端口通常只分配给单个 VLAN，从接入端口输入/输出的 MAC 帧不携带 VLAN 标记，是普通的 MAC 帧格式。主干端口则可以被多个 VLAN 共享，从主干端口输入/输出的 MAC 帧携带该 MAC 帧所属 VLAN 的 VLAN 标记。混合端口也可以被多个 VLAN 共享，它与主干端口的区别在于主干端口只允许单个 VLAN 绑定无标记帧，混合端口则允许多个 VLAN 绑定无标记帧。

2.2.3 实验步骤

(1) 创建网络拓扑图，连接和启动设备，如图 2.6 所示。

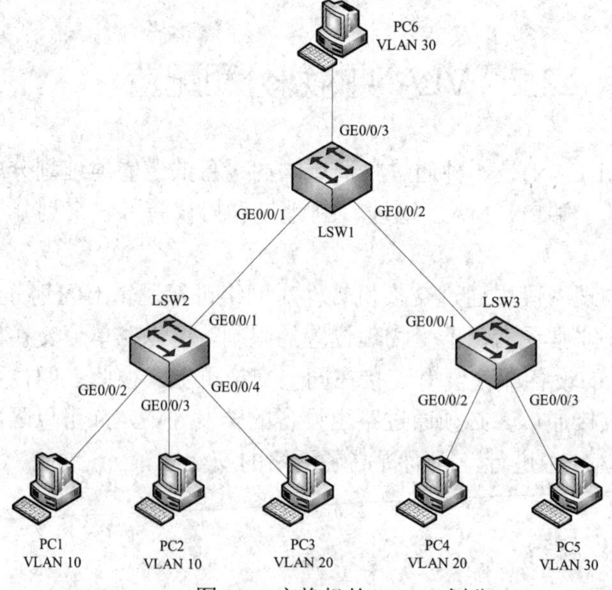

图 2.6　交换机的 VLAN 划分

(2) 为 PC1～PC6 配置 IP 地址 192.168.1.1～192.168.1.6，子网掩码为 255.255.255.0。

(3) 在划分 VLAN 之前，所有的终端都属于默认 VLAN，彼此之间可以互通。图 2.7 所示是 PC1 与 PC4 和 PC6 之间相互通信的过程。

图 2.7　PC1 与 PC4 和 PC6 之间的通信

(4) 建立交换机端口与 VLAN 之间的映射关系，如表 2.1～2.3 所示。

表 2.1　交换机 LSW1 端口与 VLAN 映射表

VLAN	Access	Trunk
VLAN 20	—	端口 1 和端口 2
VLAN 30	端口 3	端口 2

表 2.2　交换机 LSW2 端口与 VLAN 映射表

VLAN	Access	Trunk
VLAN 10	端口 2 和端口 3	—
VLAN 20	端口 4	端口 1

表 2.3　交换机 LSW3 端口与 VLAN 映射表

VLAN	Access	Trunk
VLAN 20	端口 2	端口 1
VLAN 30	端口 3	端口 1

(5) 交换机的配置。

① 交换机 LSW1 命令行接口配置：

```
<Huawei>system-view
[Huawei]undo info-center enable
[Huawei]vlan batch 20 30
[Huawei]interface GigabitEthernet0/0/1
[Huawei-GigabitEthernet0/0/1]port link-type trunk
[Huawei-GigabitEthernet0/0/1]port trunk allow-pass vlan 20
[Huawei-GigabitEthernet0/0/1]quit
[Huawei]interface GigabitEthernet0/0/2
[Huawei-GigabitEthernet0/0/2]port link-type trunk
[Huawei-GigabitEthernet0/0/2]port trunk allow-pass vlan 20 30
[Huawei-GigabitEthernet0/0/2]quit
[Huawei]interface GigabitEthernet0/0/3
[Huawei-GigabitEthernet0/0/3]port link-type access
[Huawei-GigabitEthernet0/0/3]port default vlan 30
[Huawei-GigabitEthernet0/0/3]quit
```

② 交换机 LSW2 命令行接口配置：

```
<Huawei>system-view
[Huawei]undo info-center enable
[Huawei]vlan batch 10 20
[Huawei]interface GigabitEthernet0/0/1
[Huawei-GigabitEthernet0/0/1]port link-type trunk
[Huawei-GigabitEthernet0/0/1]port trunk allow-pass vlan 20
[Huawei-GigabitEthernet0/0/1]quit
[Huawei]interface GigabitEthernet0/0/2
[Huawei-GigabitEthernet0/0/2]port link-type access
[Huawei-GigabitEthernet0/0/2]port default vlan 10
[Huawei-GigabitEthernet0/0/2]quit
[Huawei]interface GigabitEthernet0/0/3
[Huawei-GigabitEthernet0/0/3]port link-type access
[Huawei-GigabitEthernet0/0/3]port default vlan 10
[Huawei-GigabitEthernet0/0/3]quit
```

```
[Huawei]interface GigabitEthernet0/0/4
[Huawei-GigabitEthernet0/0/4]port link-type access
[Huawei-GigabitEthernet0/0/4]port default vlan 20
[Huawei-GigabitEthernet0/0/4]quit
```

③ 交换机 LSW3 命令行接口配置：

```
<Huawei>system-view
[Huawei]undo info-center enable
[Huawei]vlan batch 20 30
[Huawei]interface GigabitEthernet0/0/1
[Huawei-GigabitEthernet0/0/1]port link-type trunk
[Huawei-GigabitEthernet0/0/1]port trunk allow-pass vlan 20 30
[Huawei-GigabitEthernet0/0/1]quit
[Huawei]interface GigabitEthernet0/0/2
[Huawei-GigabitEthernet0/0/2]port link-type access
[Huawei-GigabitEthernet0/0/2]port default vlan 20
[Huawei-GigabitEthernet0/0/2]quit
[Huawei]interface GigabitEthernet0/0/3
[Huawei-GigabitEthernet0/0/3]port link-type access
[Huawei-GigabitEthernet0/0/3]port default vlan 30
[Huawei-GigabitEthernet0/0/3]quit
```

关键命令说明如下：

undo info-center enable：关闭信息中心功能，避免配置过程中出现提示或告警信息。

vlan batch：批量创建 VLAN。

port link-type：接口类型，指明是 access 模式还是 trunk 模式。

port trunk allow-pass vlan：允许通过当前 trunk 口的 VLAN，可以指明某个 VLAN ID，也可以用 all 表示允许所有 VLAN 通过。

port default vlan：指明当前接口属于哪个 VLAN。

2.2.4　实验结果

在划分 VLAN 之后，属于同一 VLAN 的 PC 可以相互通信，属于不同 VLAN 的 PC 则不能通信，如图 2.8～图 2.10 所示。

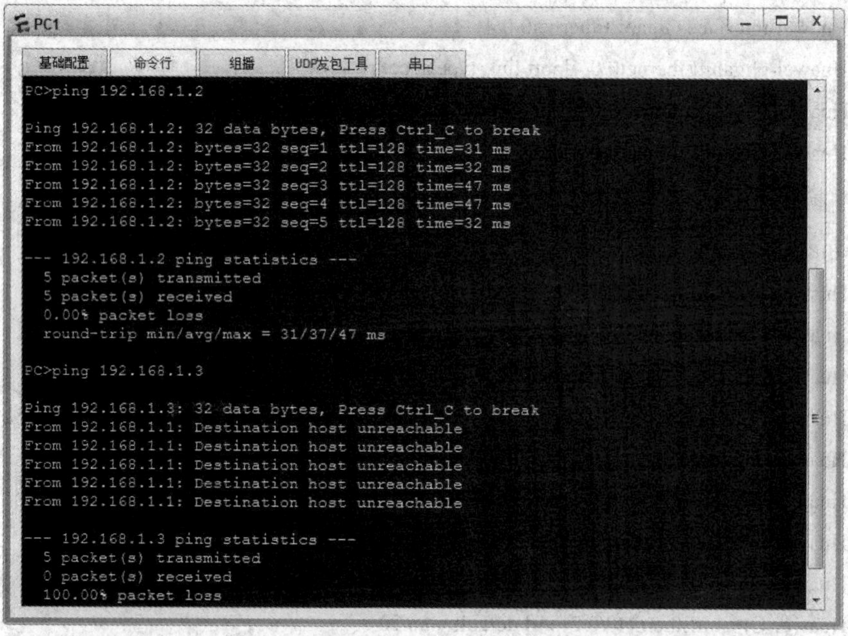

PC1

基础配置 命令行 组播 UDP发包工具 串口

```
PC>ping 192.168.1.2

Ping 192.168.1.2: 32 data bytes, Press Ctrl_C to break
From 192.168.1.2: bytes=32 seq=1 ttl=128 time=31 ms
From 192.168.1.2: bytes=32 seq=2 ttl=128 time=32 ms
From 192.168.1.2: bytes=32 seq=3 ttl=128 time=47 ms
From 192.168.1.2: bytes=32 seq=4 ttl=128 time=47 ms
From 192.168.1.2: bytes=32 seq=5 ttl=128 time=32 ms

--- 192.168.1.2 ping statistics ---
  5 packet(s) transmitted
  5 packet(s) received
  0.00% packet loss
  round-trip min/avg/max = 31/37/47 ms

PC>ping 192.168.1.3

Ping 192.168.1.3: 32 data bytes, Press Ctrl_C to break
From 192.168.1.1: Destination host unreachable
From 192.168.1.1: Destination host unreachable
From 192.168.1.1: Destination host unreachable
From 192.168.1.1: Destination host unreachable
From 192.168.1.1: Destination host unreachable

--- 192.168.1.3 ping statistics ---
  5 packet(s) transmitted
  0 packet(s) received
  100.00% packet loss
```

图 2.8 PC1 与 PC2 和 PC3 通信的过程

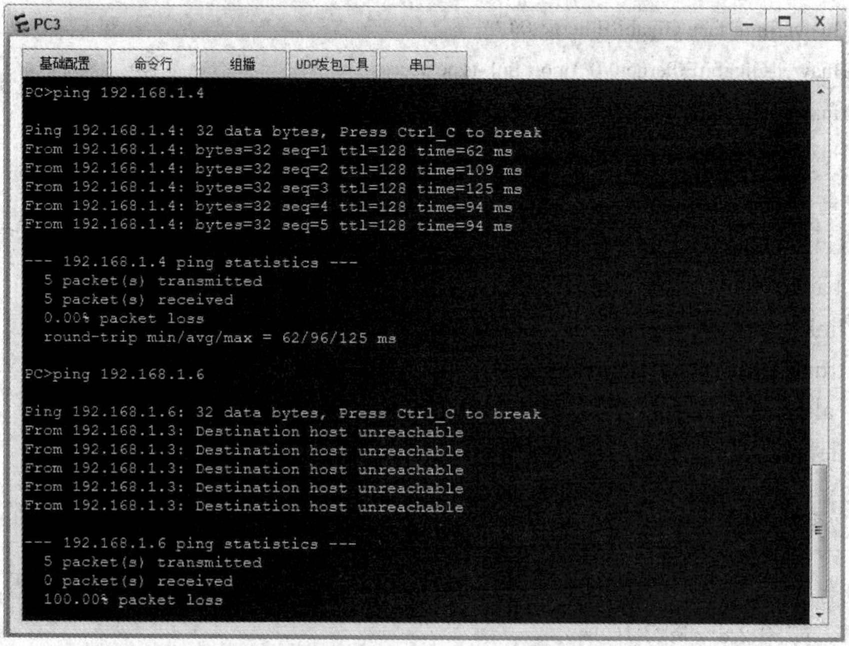

PC3

基础配置 命令行 组播 UDP发包工具 串口

```
PC>ping 192.168.1.4

Ping 192.168.1.4: 32 data bytes, Press Ctrl_C to break
From 192.168.1.4: bytes=32 seq=1 ttl=128 time=62 ms
From 192.168.1.4: bytes=32 seq=2 ttl=128 time=109 ms
From 192.168.1.4: bytes=32 seq=3 ttl=128 time=125 ms
From 192.168.1.4: bytes=32 seq=4 ttl=128 time=94 ms
From 192.168.1.4: bytes=32 seq=5 ttl=128 time=94 ms

--- 192.168.1.4 ping statistics ---
  5 packet(s) transmitted
  5 packet(s) received
  0.00% packet loss
  round-trip min/avg/max = 62/96/125 ms

PC>ping 192.168.1.6

Ping 192.168.1.6: 32 data bytes, Press Ctrl_C to break
From 192.168.1.3: Destination host unreachable
From 192.168.1.3: Destination host unreachable
From 192.168.1.3: Destination host unreachable
From 192.168.1.3: Destination host unreachable
From 192.168.1.3: Destination host unreachable

--- 192.168.1.6 ping statistics ---
  5 packet(s) transmitted
  0 packet(s) received
  100.00% packet loss
```

图 2.9 PC3 与 PC4 和 PC6 通信的过程

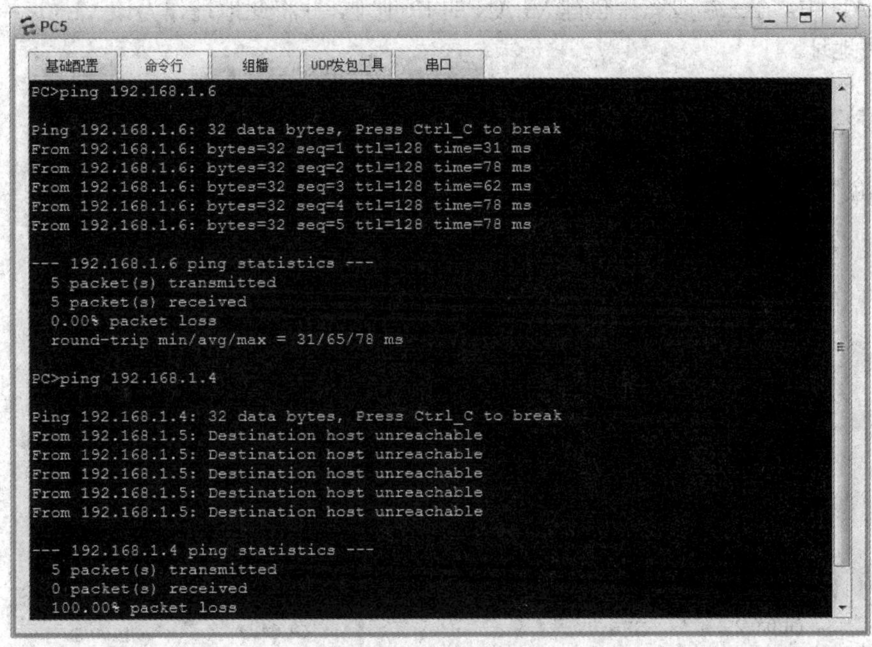

图 2.10　PC5 与 PC6 和 PC4 通信的过程

2.3　三层交换机实现 VLAN 间的通信

不同 VLAN 之间是无法直接通信的，但是当 VLAN 之间需要实现资源共享或通信时，一般需要使用路由器或者三层交换机来实现。

2.3.1　实验目的

(1) 掌握 VLAN 之间路由的原理和实现方法；
(2) 验证三层交换机的路由功能；
(3) 掌握在三层交换机上配置虚拟接口的方法。

2.3.2　实验原理

三层交换机具有二层交换功能和三层路由功能。二层的交换功能用于实现同一 VLAN 之间的通信，三层路由功能用于实现不同 VLAN 之间的通信。因此实现 VLAN 之间的通信，在配置时需要同时用到二层和三层的功能。在二层上创建 VLAN，并将端口添加到指定的 VLAN 中。在三层设备上创建 VLAN 的 IP 地址，并将此地址作为该 VLAN 中所有主机的网关地址。

2.3.3　实验步骤

(1) 创建网络拓扑图，连接和启动设备，如图 2.11 所示。

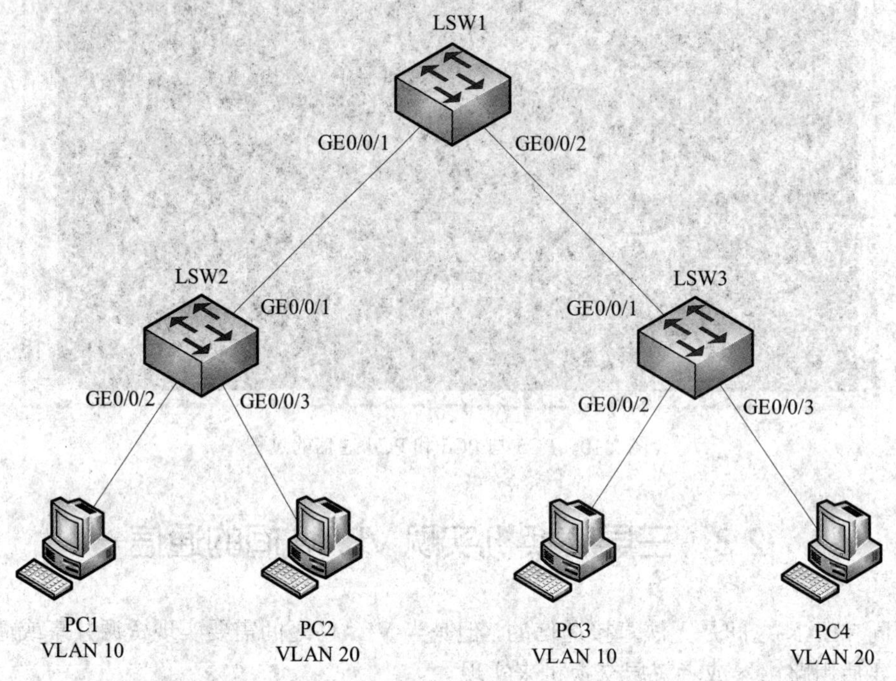

图 2.11　三层交换机实现 VLAN 间的通信拓扑图

(2) 在交换机 LSW2 和 LSW3 中创建 VLAN 10 和 VLAN 20，分别将接口 2 添加到 VLAN 10 中，将接口 3 添加到 VLAN 20 中。接口 1 是 trunk 口，允许 VLAN 10 和 VLAN 20 的帧通过。对交换机 LSW2 和 LSW3 进行以下相同的配置：

```
<Huawei>system-view
[Huawei]undo info-center enable
[Huawei]vlan batch 10 20
[Huawei]interface GigabitEthernet0/0/1
[Huawei-GigabitEthernet0/0/1]port link-type trunk
[Huawei-GigabitEthernet0/0/1]port trunk allow-pass vlan 10 20
[Huawei-GigabitEthernet0/0/1]quit
```

```
[Huawei]interface GigabitEthernet0/0/2
[Huawei-GigabitEthernet0/0/2]port link-type access
[Huawei-GigabitEthernet0/0/2]port default vlan 10
[Huawei-GigabitEthernet0/0/2]quit
[Huawei]interface GigabitEthernet0/0/3
[Huawei-GigabitEthernet0/0/3]port link-type access
[Huawei-GigabitEthernet0/0/3]port default vlan 20
[Huawei-Vlanif20]quit
```

(3) 对交换机 LSW1 进行配置：

```
<Huawei>system-view
[Huawei]undo info-center enable
[Huawei]interface GigabitEthernet0/0/1
[Huawei-GigabitEthernet0/0/1]port link-type trunk
[Huawei-GigabitEthernet0/0/1]port trunk allow-pass vlan all
[Huawei-GigabitEthernet0/0/1]quit
[Huawei]interface GigabitEthernet0/0/2
[Huawei-GigabitEthernet0/0/2]port link-type trunk
[Huawei-GigabitEthernet0/0/2]port trunk allow-pass vlan all
[Huawei-GigabitEthernet0/0/2]quit
```

(4) 在三台交换机上分别为两个 VLAN 创建虚拟接口、配置 IP 地址及子网掩码：

```
[Huawei]int vlanif 10
[Huawei-Vlanif10]ip address 192.168.1.254 24
[Huawei-Vlanif10]quit
[Huawei]int vlanif 20
[Huawei-Vlanif20]ip address 192.168.2.254 24
[Huawei-Vlanif20]quit
```

(5) 根据表 2.4 为 PC 配置 IP 地址、子网掩码和网关。

表 2.4　PC 的地址规划表

主机	IP 地址	子网掩码	网关
PC1	192.168.1.1	255.255.255.0	192.168.1.254
PC2	192.168.2.1	255.255.255.0	192.168.2.254
PC3	192.168.1.2	255.255.255.0	192.168.1.254
PC4	192.168.2.2	255.255.255.0	192.168.2.254

2.3.4　实验结果

验证不同 VLAN 之间的 PC 可以相互通信并查看交换机 LSW1 接口捕获的报文，如图 2.12～图 2.14 所示。

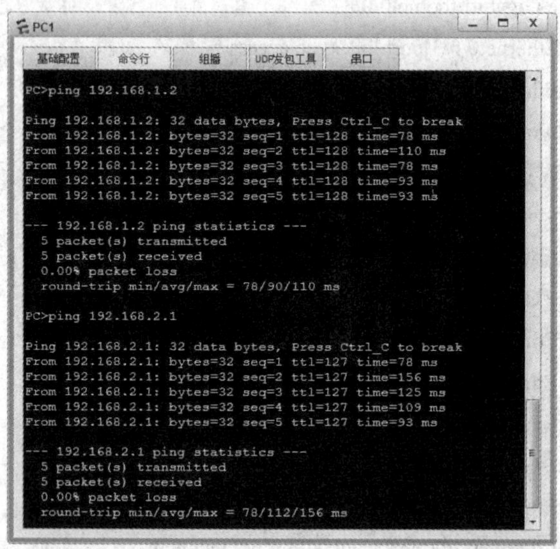

图 2.12　相同 VLAN 和不同 VLAN 设备之间的通信

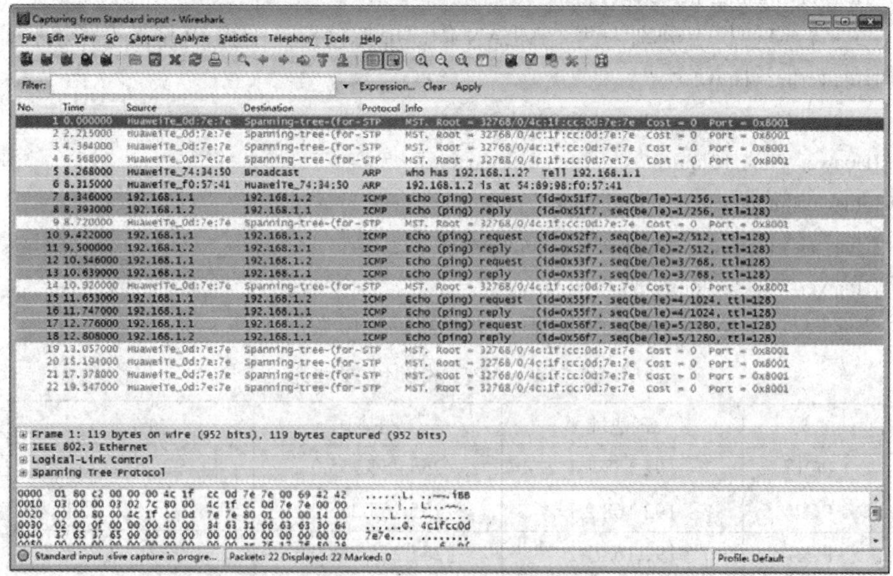

图 2.13　LSW1 接口 GE0/0/1 捕获的 ICMP 报文序列

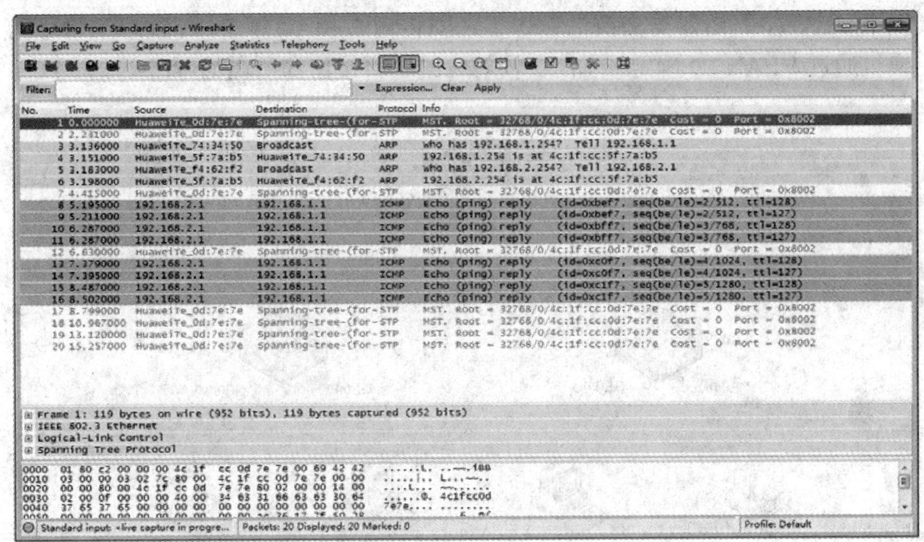

图 2.14　LSW1 接口 GE0/0/2 捕获的 ICMP 报文序列

2.4　单臂路由器互联 VLAN 实验

路由器的物理接口可以被划分成多个逻辑接口，这些被划分后的逻辑接口被形象地称为子接口。单臂路由是指在路由器的一个接口上通过配置子接口的方式，实现原来相互隔离的不同 VLAN 之间的互联互通。这些逻辑子接口不能被单独地开启或关闭，即当某个物理接口被开启或关闭时，其所有的子接口也随之被开启或关闭。

2.4.1　实验目的

(1) 掌握单臂路由器子接口的配置；

(2) 理解 VLAN 的划分、封装和通信原理；

(3) 理解路由器子接口和 802.1Q 协议；

(4) 验证单臂路由器实现 VLAN 的互联。

2.4.2　实验原理

如图 2.15 所示，路由器 R1 使用单个物理接口连接网络，实现不同 VLAN 之间的通信。路由器 R1 的接口 GE0/0/0 连接交换机 LSW1 的接口 GE0/0/1，GE0/0/1 是两个 VLAN 的共享通道，被定义为 trunk 接口。路由器接口 GE0/0/0 被划分为两个逻辑接口，每个逻辑接口连接一个 VLAN。路由器与交换机 LSW1 之间传输的 MAC 帧必须携带 VLAN ID，路由器和交换机通过 VLAN ID 确定该 MAC 帧对应的逻辑接口和所属的 VLAN。

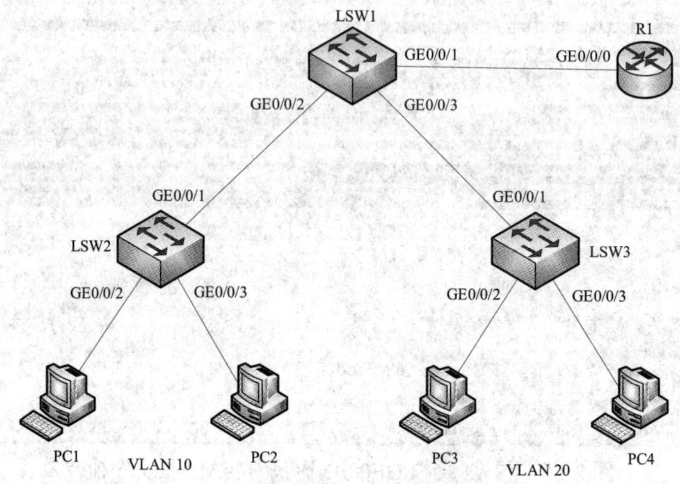

图 2.15 单臂路由的网络拓扑图

2.4.3 实验步骤

(1) 创建网络拓扑图，连接和启动设备。

(2) 交换机和路由器的配置。

① 对交换机 LSW1 进行配置：

```
<Huawei>system-view
[Huawei]undo info-center enable
[Huawei]vlan batch 10 20
[Huawei]interface GigabitEthernet0/0/1
[Huawei-GigabitEthernet0/0/1]port link-type trunk
[Huawei-GigabitEthernet0/0/1]port trunk allow-pass vlan 10 20
[Huawei-GigabitEthernet0/0/1]quit
[Huawei]interface GigabitEthernet0/0/2
[Huawei-GigabitEthernet0/0/2]port link-type trunk
[Huawei-GigabitEthernet0/0/2]port trunk allow-pass vlan 10
[Huawei-GigabitEthernet0/0/2]quit
[Huawei]interface GigabitEthernet0/0/3
[Huawei-GigabitEthernet0/0/3]port link-type trunk
```

```
[Huawei-GigabitEthernet0/0/3]port trunk allow-pass vlan 20
[Huawei-GigabitEthernet0/0/3]quit
```

② 对交换机 LSW2 和 LSW3 进行配置。

交换机 LSW3 的配置同 LSW2，只需将命令中的 vlan 10 改为 vlan 20。交换机 LSW2 的配置如下：

```
<Huawei>system-view
[Huawei]undo info-center enable
[Huawei]vlan 10
[Huawei-vlan10]interface GigabitEthernet0/0/1
[Huawei-GigabitEthernet0/0/1]port link-type trunk
[Huawei-GigabitEthernet0/0/1]port trunk allow-pass vlan 10
[Huawei-GigabitEthernet0/0/1]quit
[Huawei]interface GigabitEthernet0/0/2
[Huawei-GigabitEthernet0/0/2]port link-type access
[Huawei-GigabitEthernet0/0/2]port default vlan 10
[Huawei-GigabitEthernet0/0/2]quit
[Huawei]interface GigabitEthernet0/0/3
[Huawei-GigabitEthernet0/0/3]port link-type access
[Huawei-GigabitEthernet0/0/3]port default vlan 10
[Huawei-GigabitEthernet0/0/3]quit
```

③ 对路由器 R1 进行配置：

```
<Huawei>system-view
[Huawei]undo info-center enable
[Huawei]interface GigabitEthernet0/0/0.1
[Huawei-GigabitEthernet0/0/0.1]dot1q termination vid 10
[Huawei-GigabitEthernet0/0/0.1]arp broadcast enable
[Huawei-GigabitEthernet0/0/0.1]ip address 192.168.1.254 24
[Huawei-GigabitEthernet0/0/0.1]quit
[Huawei]interface GigabitEthernet0/0/0.2
[Huawei-GigabitEthernet0/0/0.2]dot1q termination vid 20
[Huawei-GigabitEthernet0/0/0.2]arp broadcast enable
[Huawei-GigabitEthernet0/0/0.2]ip address 192.168.2.254 24
[Huawei-GigabitEthernet0/0/0.2]quit
```

关键命令说明如下：

interface GigabitEthernet0/0/0.1：进入子接口视图；

dot1q termination vid 10：在子接口视图下执行，该子接口封装 802.1q 协议，VLAN ID 为 10 的 MAC 帧将从此子接口进行传输；

arp broadcast enable：在当前子接口启动 ARP 广播功能，子接口通过广播 ARP 报文来获取下一跳的 MAC 地址。

利用命令 ip address 192.168.1.254 24 为子接口配置 IP 地址和子网掩码，由于每个子接口连接不同的 VLAN，所以不同的子接口需要配置不同的网络地址。子接口配置的 IP 地址即为与该子接口绑定的 VLAN 终端的默认网关地址。

(3) 根据表 2.5 配置 PC 的 IP 参数。

表 2.5　PC 的地址规划表

主机	IP 地址	子网掩码	网关
PC1	192.168.1.1	255.255.255.0	192.168.1.254
PC2	192.168.1.2	255.255.255.0	192.168.1.254
PC3	192.168.2.1	255.255.255.0	192.168.2.254
PC4	192.168.2.2	255.255.255.0	192.168.2.254

2.4.4　实验结果

(1) 利用 display ip interface brief 查看路由器的接口配置，如图 2.16 所示。

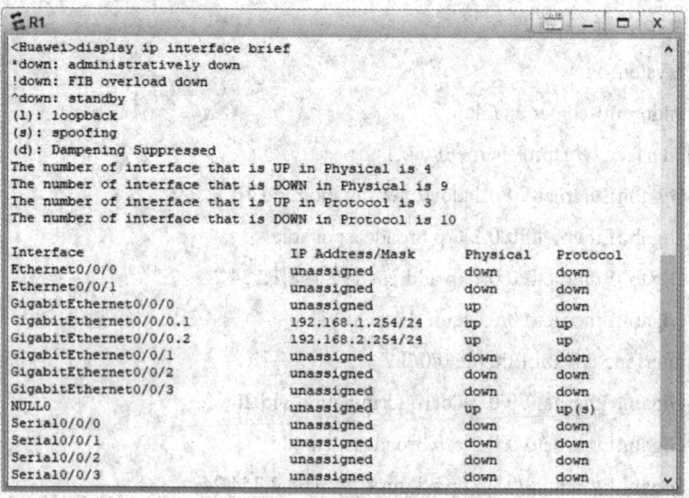

图 2.16　路由器的接口配置

(2) 利用 display ip routing-table 来查看路由器的路由表，如图 2.17 所示。可以看出对于目的网络 192.168.1.0/24 和 192.168.2.0/24，在路由表中均显示为直连路由，其下一跳为相应的子接口地址。

```
<Huawei>display ip routing-table
Route Flags: R - relay, D - download to fib
------------------------------------------------------------------------------
Routing Tables: Public
         Destinations : 6        Routes : 6

Destination/Mask    Proto   Pre  Cost      Flags NextHop         Interface

      127.0.0.0/8   Direct  0    0           D   127.0.0.1       InLoopBack0
      127.0.0.1/32  Direct  0    0           D   127.0.0.1       InLoopBack0
    192.168.1.0/24  Direct  0    0           D   192.168.1.254   GigabitEthernet
0/0/0.1
  192.168.1.254/32  Direct  0    0           D   127.0.0.1       GigabitEthernet
0/0/0.1
    192.168.2.0/24  Direct  0    0           D   192.168.2.254   GigabitEthernet
0/0/0.2
  192.168.2.254/32  Direct  0    0           D   127.0.0.1       GigabitEthernet
0/0/0.2
```

图 2.17　查看路由器 R1 的路由表

(3) 验证 PC 之间的互通情况。如图 2.18 所示，属于 VLAN 10 的 PC1 和属于 VLAN 20 的 PC3 及 PC4 都能够互通。

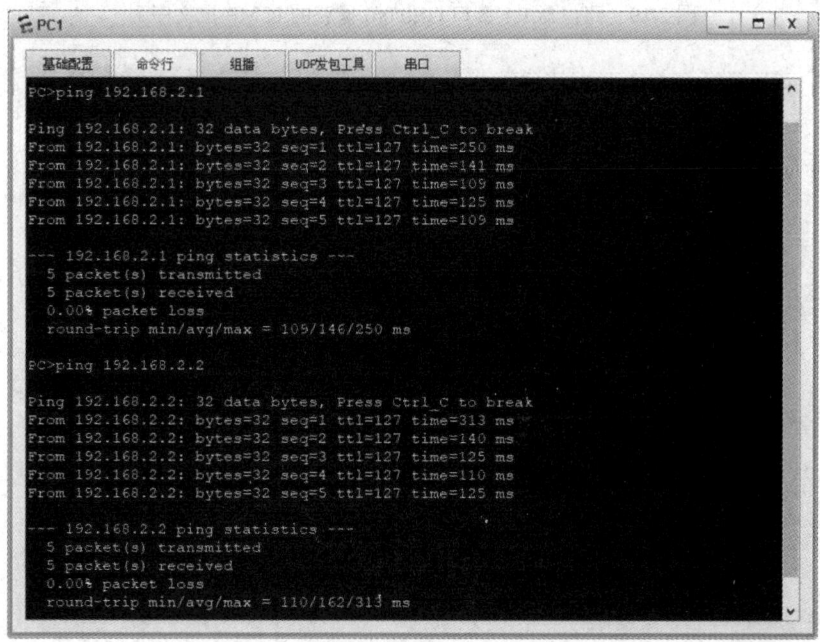

图 2.18　PC1 和 PC3 及 PC4 之间的通信

(4) 在路由器 R1 接口 GE0/0/0 捕获的 ICMP 报文序列如图 2.19 所示。

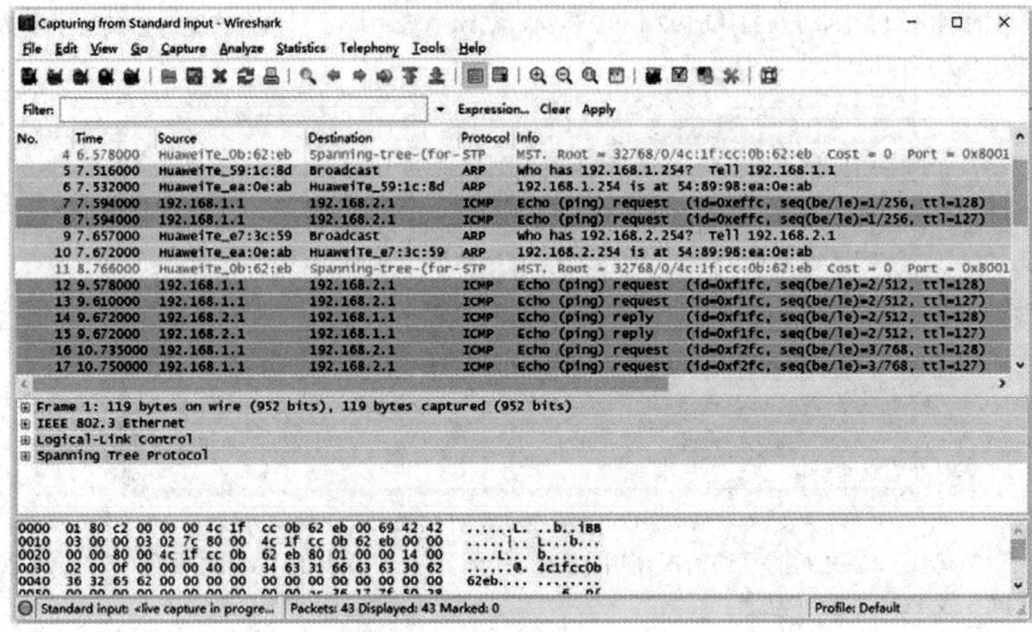

图 2.19　路由器 R1 接口 GE0/0/0 捕获的 ICMP 报文序列

第 3 章　路由器的配置和应用

路由器用于实现不同类型网络之间的互联。路由器转发 IP 分组的基础是路由表，它通过查看数据包的目的网络地址和查找路由表的数据库来确定数据包在网络中传输的路径。

3.1　路由器的基本配置

路由器在出厂时不存在任何初始配置，要使路由器能够在网络连接中发挥其应有的作用，需要对路由器进行配置。本实验主要介绍路由器的基本配置和配置环境的设置。

3.1.1　实验目的

(1) 认识并掌握路由器基本的配置界面；
(2) 掌握路由器基本的配置命令；
(3) 掌握路由器配置环境的设置方法。

3.1.2　实验步骤

1. 配置方法

对华为路由器的配置可以通过命令行方式和 Web 网管配置方式。本书仅对通过命令行方式的配置方法和配置命令进行说明。

要通过命令行方式对路由器进行配置，需使用专用的配置连接电缆，通过计算机的串行接口连接路由器上的“Console”接口，对路由器进行配置。连接拓扑图如图 3.1 所示。

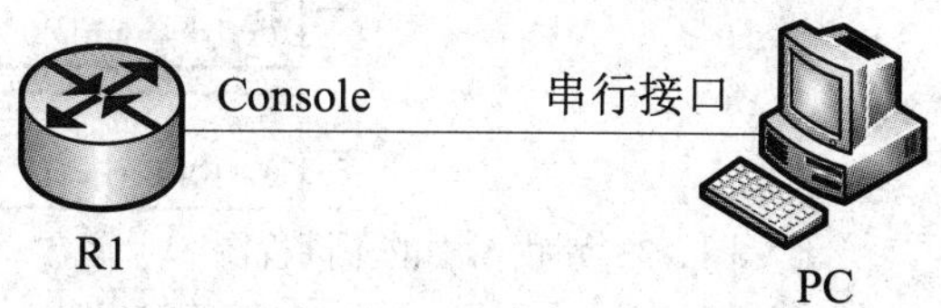

图 3.1　PC 通过串行接口与路由器的 Console 口连接

在实际工作环境中，连接好配置线后，使用计算机的超级终端或者 SecureCRT 调整好参数，对路由器进行配置。在 eNSP 中，可以使用模拟器自带的“串口”界面对路由器进行配置，如图 3.2 所示。

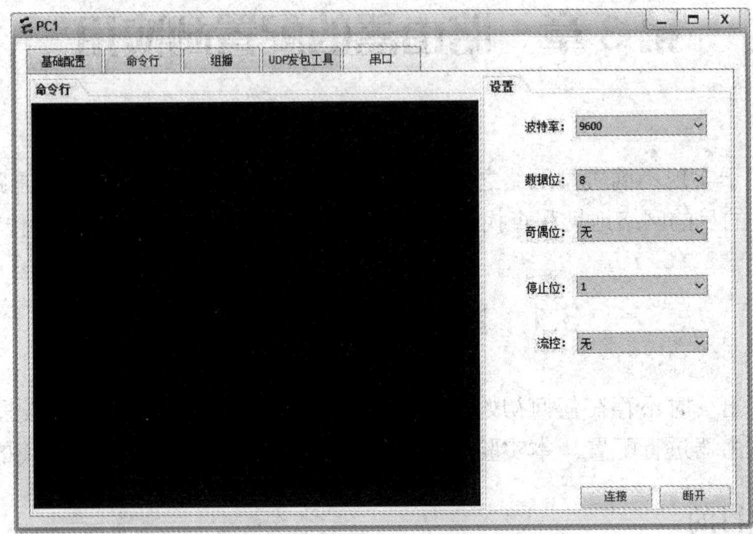

图 3.2　eNSP 中的终端

2. 配置视图

在华为路由器中有如图 3.3 所示的几种命令视图。

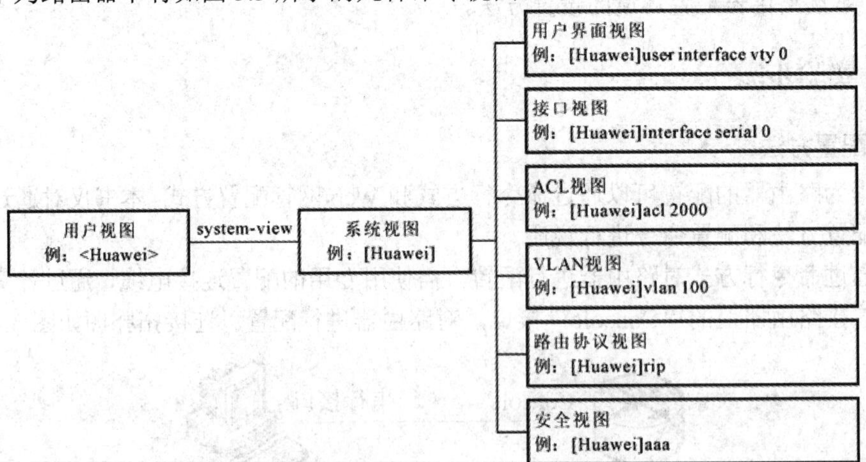

图 3.3　路由器中的不同视图

在华为路由器中，路由器名默认为“Huawei”，在用户视图下，路由器名写在“< >”括号内，在系统视图下，路由器名写在“[ ]”括号内。

进入和退出视图的命令和快捷方式如表 3.1 所示。

表 3.1　路由器配置基础命令及快捷方式

操　　作	命令/快捷方式
从用户视图进入系统视图	system-view
从系统视图退出到用户视图	quit
从任意非用户视图退出到用户视图	return/Ctrl + Z
停止当前命令行的执行	Ctrl + C
删除光标左边的第一个字符	Back Space
光标左移/右移	←/→
输入命令的前几个字符后补全命令	Tab
查询当前模式下或以当前字符开始的命令	?

例如：

```
<Huawei>system-view
Enter system view, return user view with Ctrl+Z.
[Huawei]int?                          //此处使用“?”查询以“int”开头的命令
        interface
[Huawei]interface g                   //此处使用了“Tab”键补全命令
[Huawei]interface GigabitEthernet 0/0/0
[Huawei-GigabitEthernet0/0/0]quit
[Huawei]quit
<Huawei>system
Enter system view, return user view with Ctrl+Z.
[Huawei]interface GigabitEthernet0/0/0
[Huawei-GigabitEthernet0/0/0]return
<Huawei>
```

3. 语言模式设置

在华为路由器中，可以调整提示所使用的语言，如表 3.2 所示。

表 3.2　设置路由器语言命令

操　　作	命令/快捷方式
使用中文提示	language-mode chinese
使用英文提示	language-mode english

例如：

```
<Huawei>language-mode ?
  Chinese    Chinese environment
  English    English environment

<Huawei>language-mode chinese
Change language mode, confirm? [Y/N] y
Jan 23 2021 15:40:10-08:00 Huawei %%01CMD/4/LAN_MODE(l)[0]:The user chose Y when deciding
whether to change the language mode.
提示：改变语言模式成功。
<Huawei>
```

4. 修改时钟

在华为路由器中，可以设置路由器的标准时间，命令如表 3.3 所示。

表 3.3　设置路由器标准时间命令

操　　作	命令/快捷方式
设置 UTC 标准时间	clock datetime utc
设置区域时间	clock timezone

例如：

```
<Huawei>clock datetime 15:44:50 2021-01-23
<Huawei>display clock
2021 年 01 月 23 日 15:45:24-08:00
星期六
时区(China-Standard-Time) : UTC-08:00
<Huawei>
```

5. 状态信息查询

在华为路由器中，可以使用 display 命令查看当前所需要查看的配置状态或信息，命令如表 3.4 所示。

表 3.4　display 系统信息相关命令

操　　作	命令/快捷方式
查看当前版本	display version
查看接口状态	display interface
查看时钟	display clock

例如：

```
<Huawei>display version
Huawei Versatile Routing Platform Software
VRP (R) software, Version 5.110 (eNSP V100R001C00)
Copyright (c) 2000-2011 HUAWEI TECH CO., LTD
```

6. 配置口令

在华为路由器中，使用 Console 方式和虚拟终端 VTY(Virtual Teletype Terminal)方式对路由器进行配置时，均可使用密码对两种方式进行保护。

(1) Console 口的认证设置：

```
<Huawei>system-view
[Huawei]user-interface console 0
[Huawei-ui-console0]authentication-mode ?
  aaa        AAA authentication
  none       Login without checking
  password   Authentication through the password of a user terminal interface
[Huawei-ui-console0]authentication-mode password              //此处使用密码认证
```

(2) VTY 口的认证设置：

```
[Huawei]user-interface vty 0 4
[Huawei-ui-vty0-4]authentication-mode ?
  aaa        AAA authentication
  none       Login without checking
  password   Authentication through the password of a user terminal interface
[Huawei-ui-vty0-4]authentication-mode password              //此处使用密码认证
```

在配置认证方式时，若选择参数“none”，则登录时不需要使用密码或将已配置的密码清除掉。

7. 文件及目录操作命令列表

文件及目录操作命令如表 3.5 所示。

表 3.5　文件及目录操作命令

操　　作	命令/快捷方式
拷贝文件	copy
移动文件	move
重命名文件	rename

续表

操　　作	命令/快捷方式
删除文件	delete
彻底删除回收站中的文件	reset recycle-bin
恢复删除文件	undelete
屏幕上显示当前所处目录	pwd
改变当前目录	cd
显示目录中的文件列表	dir
创建目录	mkdir
删除目录	rmdir
查看已保存的路由器配置	display saved-configuration
查看当前的路由器配置	display current-configuration
保存当前配置	save
擦除存储设备中的配置文件	reset saved-configuration
比较配置文件	compare configuration

3.2 直连路由的配置

根据路由器向路由表中填充路由条目的方式，可将路由项分为直连路由、静态路由和动态路由三种。直连路由不需要进行配置，配置路由器接口的 IP 地址和子网掩码可自动生成直连路由，直接出现在路由表中。静态路由需要手动添加到路由表，而动态路由则是路由器通过路由协议学习到的。

3.2.1 实验目的

(1) 掌握路由器接口的配置；
(2) 理解路由器直连路由的自动生成过程；
(3) 理解路由器的逐跳转发过程；
(4) 掌握路由器路由表的构成。

3.2.2 实验原理

如图 3.4 所示，路由器 R1 的两个接口分别连接不同的网络，为路由器接口配置的 IP

地址和子网掩码决定了连接该接口网络的网络地址，并以这个 IP 地址作为此网络的默认网关地址。当路由器接口配置好 IP 地址和子网掩码之后，路由器的路由表中就会自动生成一个路由项，路由项的网络地址是根据为该接口配置的 IP 地址和子网掩码得出的。输出接口字段是该接口的标识符，下一跳字段是“直接”。由于该路由项表示了通过路由器直接连接网络的传输路径，因此被称为直连路由。

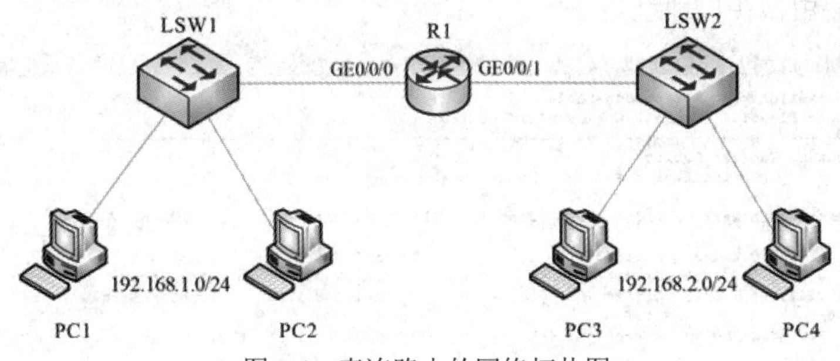

图 3.4　直连路由的网络拓扑图

3.2.3　实验步骤

(1) 创建网络拓扑图，连接和启动设备。

(2) 对路由器 R1 进行接口的配置：

```
<Huawei>system-view
[Huawei]undo info-center enable
[Huawei]interface GigabitEthernet0/0/0
[Huawei-GigabitEthernet0/0/0]ip address 192.168.1.254 24
[Huawei-GigabitEthernet0/0/0]quit
[Huawei]interface GigabitEthernet0/0/1
[Huawei-GigabitEthernet0/0/1]ip address 192.168.2.254 24
[Huawei-GigabitEthernet0/0/1]quit
```

(3) 根据表 3.6 为 PC 配置 IP 参数。

表 3.6　PC 的 IP 地址规划表

主机	IP 地址	子网掩码	网关
PC1	192.168.1.1	255.255.255.0	192.168.1.254
PC2	192.168.1.2	255.255.255.0	192.168.1.254
PC3	192.168.2.1	255.255.255.0	192.168.2.254
PC4	192.168.2.2	255.255.255.0	192.168.2.254

3.2.4 实验结果

(1) 利用 display ip routing-table 查看路由器的路由表，如图 3.5 所示。由图可以看出，对于目的网络 192.168.1.0/24 和 192.168.2.0/24，路由表中均显示为直连路由，其下一跳为连接该网络的路由器接口地址。

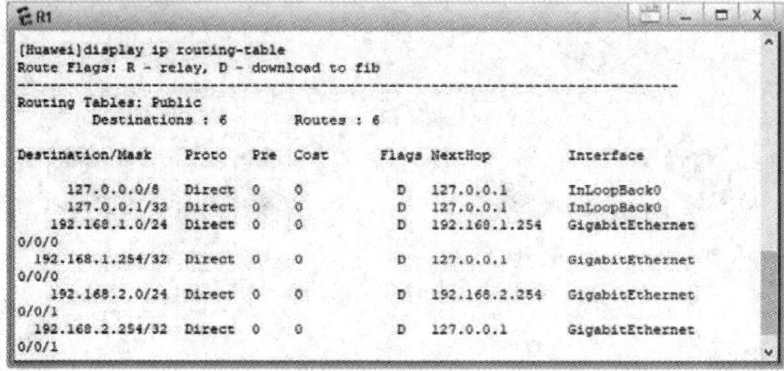

图 3.5　查看路由器 R1 的路由表

(2) 验证 PC 之间的互通情况。由图 3.6 可以看出，PC1 和属于另外一个网络的 PC3 及 PC4 都能够互通。

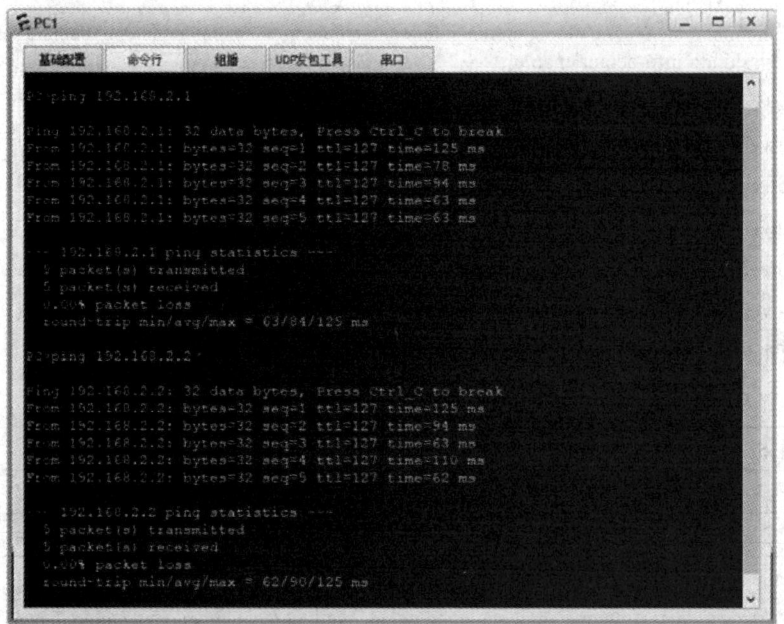

图 3.6　PC1 和 PC3 及 PC4 之间的通信

(3) 在路由器 R1 接口 GE0/0/0 捕获的报文序列如图 3.7 所示。

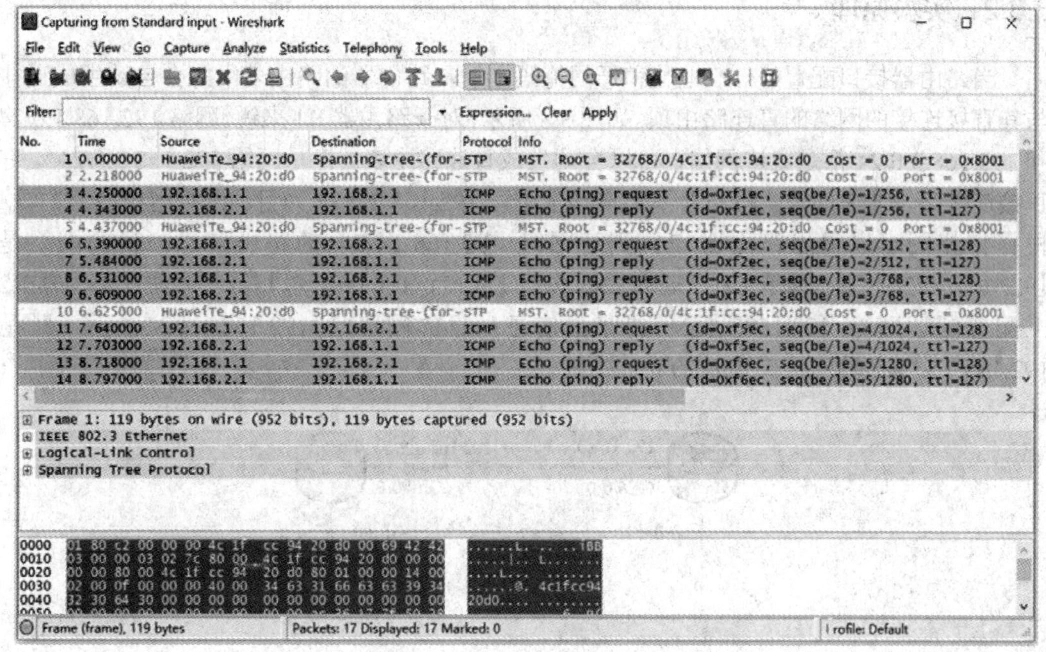

图 3.7 在路由器 R1 接口 GE0/0/0 捕获的报文序列

3.3 静态路由的配置

对于不是通过路由器直接连接的网络，路由器不能自动生成到达非直连网络的路由项。在拓扑结构简单、规模较小的网络中，一般使用静态路由来人为地指定到达非直连目的网络的路径。

静态路由的配置过程分为三步：一是通过拓扑结构得出路由器与所有非直连网络的传输路径；二是根据到达非直连网络的传输路径得出相关的路由项；三是根据得出的路由项完成手工静态路由的配置。

3.3.1 实验目的

(1) 如图 3.8 所示，掌握静态路由的配置方法；

(2) 掌握路由器的逐跳转发过程；

(3) 理解路由器路由表的构成，学会查看路由表。

3.3.2　实验原理

当路由器接口配置好 IP 地址和子网掩码之后，路由器的路由表中就会自动生成通往与其直接连接的网络的直连路由项。如图 3.8 所示，对于路由器 R1 来说，网络 192.168.1.0/24 和 192.168.3.0/24 都是直连网络，可以自动生成直连路由表。但是网络 192.168.2.0/24 没有直接连接路由器 R1，因此路由器不会自动生成以 192.168.2.0/24 为目的网络地址的路由项。根据拓扑图可以得出路由器 R1 到达网络 192.168.2.0/24 的路由信息：目的网络是 192.168.2.0/24，下一跳是 192.168.3.2/24，输出接口为 GE0/0/0。以相同的方法在路由器 R2 上配置到达网络 192.168.1.0/24 的路由信息：目的网络是 192.168.1.0/24，下一跳是 192.168.3.1/24，输出接口为 GE0/0/0。

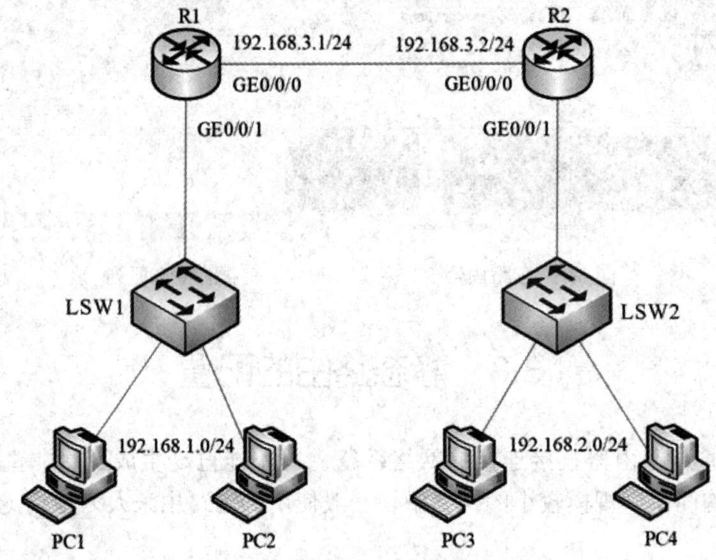

图 3.8　静态路由的网络拓扑图

3.3.3　实验步骤

(1) 如图 3.8 所示，创建网络拓扑图，连接和启动设备。

(2) 路由器接口的配置。

① 路由器 R1 的接口配置：

```
<Huawei>system-view
[Huawei]undo info-center enable
```

```
[Huawei]interface GigabitEthernet0/0/0
[Huawei-GigabitEthernet0/0/0]ip address 192.168.3.1 24
[Huawei-GigabitEthernet0/0/0]quit
[Huawei]interface GigabitEthernet0/0/1
[Huawei-GigabitEthernet0/0/1]ip address 192.168.1.254 24
[Huawei-GigabitEthernet0/0/1]quit
```

② 路由器 R2 的接口配置：

```
<Huawei>system-view
[Huawei]undo info-center enable
[Huawei]interface GigabitEthernet0/0/0
[Huawei-GigabitEthernet0/0/0]ip address 192.168.3.2 24
[Huawei-GigabitEthernet0/0/0]quit
[Huawei]interface GigabitEthernet0/0/1
[Huawei-GigabitEthernet0/0/1]ip address 192.168.2.254 24
[Huawei-GigabitEthernet0/0/1]quit
```

(3) 配置静态路由。

ip route-static {*destination-network*} {*subnet mask/prefix-length*} {*next-hop IP address*}

① 路由器 R1 的静态配置。

```
[Huawei]ip route-static 192.168.2.0 255.255.255.0 192.168.3.2
```

② 路由器 R2 的静态配置。

```
[Huawei]ip route-static 192.168.1.0 24 192.168.3.1
```

(4) 配置默认路由。

当数据包的目的地址无法与路由表中所有的路由信息匹配时，路由器将采用默认路由(Default Route)转发数据包。用无类别域间路由标记表示的 IPv4 默认路由是 0.0.0.0/0，因而也称为全 0 路由。这条路由一般会指向另一个路由器，而这个路由器也同样处理数据包：如果知道这个数据包的路由，则转发到该路由，否则将转发到默认路由，从而到达另一个路由器。每次转发，路由都增加了一跳的距离。配置命令如下：

ip route-static 0.0.0.0 0 {*next-hop IP address*}

在本例中，也可以不配置静态路由而使用默认路由对数据包进行转发。例如：

在路由器 R1 中配置默认路由：

```
[Huawei]ip route-static 0.0.0.0 0 192.168.3.2
```

在路由器 R2 中配置默认路由：

```
[Huawei]ip route-static 0.0.0.0 0 192.168.3.1
```

(5) 根据表 3.7 为 PC 配置 IP 参数。

表 3.7　PC 的 IP 地址规划表

主机	IP 地址	子网掩码	网关
PC1	192.168.1.1	255.255.255.0	192.168.1.254
PC2	192.168.1.2	255.255.255.0	192.168.1.254
PC3	192.168.2.1	255.255.255.0	192.168.2.254
PC4	192.168.2.2	255.255.255.0	192.168.2.254

3.3.4　实验结果

(1) 利用 display ip routing-table 来查看路由器 R1 的路由表，如图 3.9 所示。由图可以看出，对于目的网络 192.168.1.0/24 和 192.168.3.0/24，路由表中均显示为直连路由，其下一跳为连接该网络的路由器接口地址。路由表中还有一项到达目的网络 192.168.2.0/24 的静态路由，其下一跳的 IP 地址是 192.168.3.2，输出接口是 GE0/0/0。图 3.10 所示为路由器 R2 的路由表，其中也包括一项到达网络 192.168.1.0/24 的静态路由。

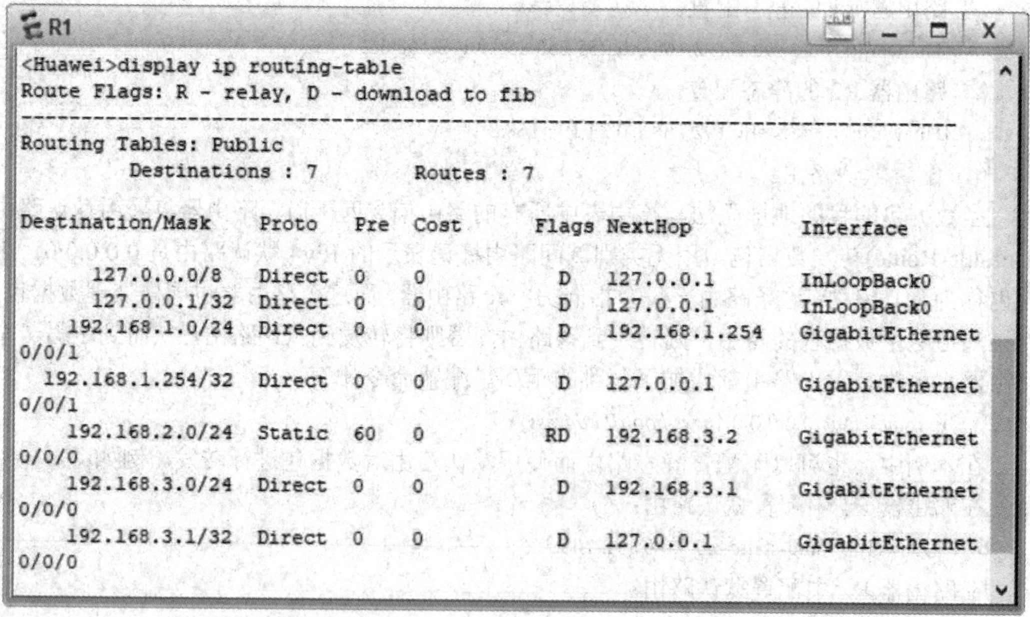

图 3.9　查看路由器 R1 的路由表

```
R2
<Huawei>display ip routing-table
Route Flags: R - relay, D - download to fib
------------------------------------------------------------------------------
Routing Tables: Public
         Destinations : 7        Routes : 7

Destination/Mask    Proto   Pre  Cost      Flags NextHop         Interface

      127.0.0.0/8   Direct  0    0           D   127.0.0.1       InLoopBack0
      127.0.0.1/32  Direct  0    0           D   127.0.0.1       InLoopBack0
    192.168.1.0/24  Static  60   0          RD   192.168.3.1     GigabitEthernet
0/0/0
    192.168.2.0/24  Direct  0    0           D   192.168.2.254   GigabitEthernet
0/0/1
  192.168.2.254/32  Direct  0    0           D   127.0.0.1       GigabitEthernet
0/0/1
    192.168.3.0/24  Direct  0    0           D   192.168.3.2     GigabitEthernet
0/0/0
    192.168.3.2/32  Direct  0    0           D   127.0.0.1       GigabitEthernet
0/0/0
```

图 3.10　查看路由器 R2 的路由表

(2) 如果路由器 R1 和 R2 中未配置静态路由而是配置了默认路由，则 R1 和 R2 的路由表分别如图 3.11 和图 3.12 所示。由图可以看出，R1 和 R2 的路由表中都有默认路由 0.0.0.0/0。当 R1 与网络 192.168.2.0/24 通信时，就会选择默认路由从接口 GE0/0/0 转发，其下一跳的 IP 地址是 192.168.3.2。路由器 R2 同理。

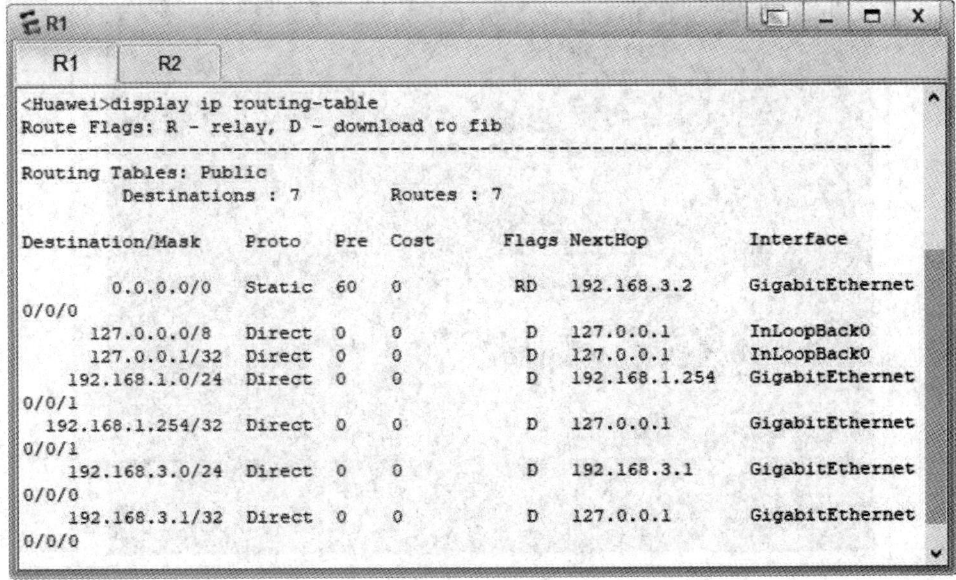

```
R1
R1  R2
<Huawei>display ip routing-table
Route Flags: R - relay, D - download to fib
------------------------------------------------------------------------------
Routing Tables: Public
         Destinations : 7        Routes : 7

Destination/Mask    Proto   Pre  Cost      Flags NextHop         Interface

        0.0.0.0/0   Static  60   0          RD   192.168.3.2     GigabitEthernet
0/0/0
      127.0.0.0/8   Direct  0    0           D   127.0.0.1       InLoopBack0
      127.0.0.1/32  Direct  0    0           D   127.0.0.1       InLoopBack0
    192.168.1.0/24  Direct  0    0           D   192.168.1.254   GigabitEthernet
0/0/1
  192.168.1.254/32  Direct  0    0           D   127.0.0.1       GigabitEthernet
0/0/1
    192.168.3.0/24  Direct  0    0           D   192.168.3.1     GigabitEthernet
0/0/0
    192.168.3.1/32  Direct  0    0           D   127.0.0.1       GigabitEthernet
0/0/0
```

图 3.11　路由器 R1 配置默认路由后的路由表

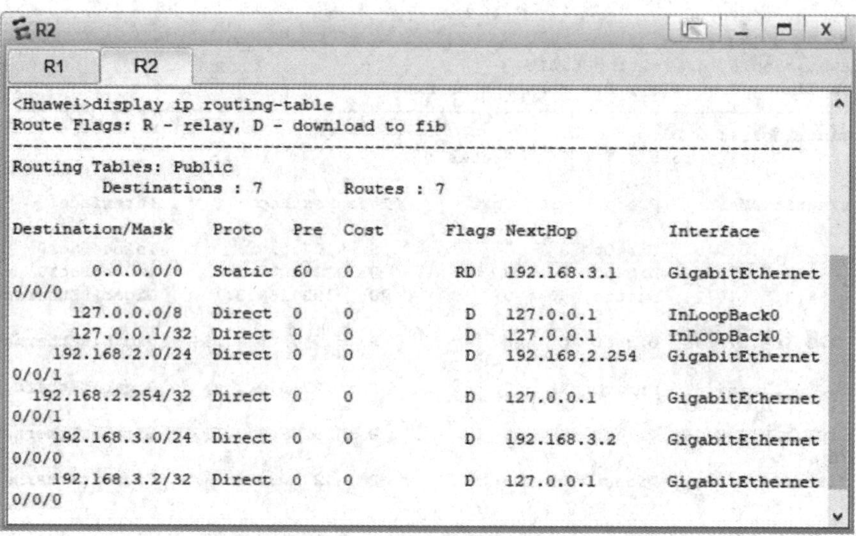

图 3.12　路由器 R2 配置默认路由后的路由表

(3) 验证 PC 之间的互通情况。由图 3.13 可以看出，PC1 和属于另外一个网络的 PC3 及 PC4 都能够互通。

图 3.13　PC1 和 PC3 及 PC4 之间的通信

(4) 在路由器 R1 接口 GE0/0/0 捕获的报文序列如图 3.14 所示。

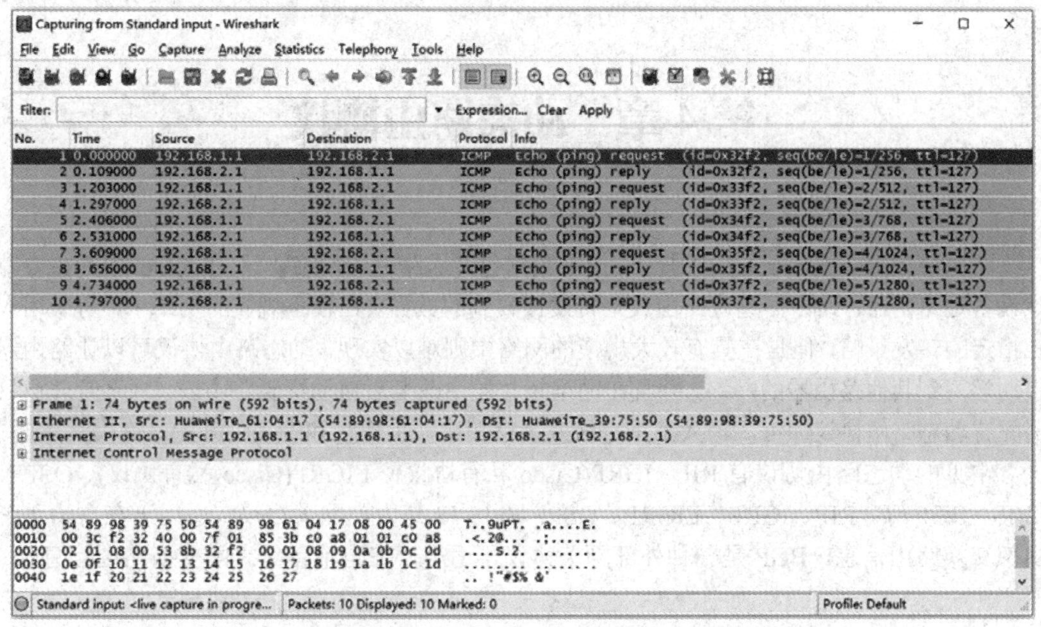

图 3.14　路由器 R1 接口 GE0/0/0 捕获的 ICMP 报文序列

第 4 章　动态路由协议

路由协议(Routing Protocol)是一种指定数据包转送路径的网络协议。Internet 中的主要节点设备是路由器，路由器通过路由表来转发接收到的数据。在较小规模的网络中，可采用人工指定的转发策略，但是在具有较大规模的网络中则难以实现。动态路由协议可以让路由器自动学习到其他路由器的网络，并且在网络拓扑发生改变后自动更新路由表。网络管理员只需配置动态路由协议即可，与人工指定转发策略相比，工作量和管理、维护难度大大降低。

常见的动态路由协议有 RIP、IGRP(Cisco 私有协议)、EIGRP(Cisco 私有协议)、OSPF、IS-IS、BGP 等。RIP、IGRP、EIGRP、OSPF 和 IS-IS 是内部网关协议，适用于在自治系统内部交换路由信息。BGP 是一种外部网关协议，适用于在自治系统之间交换路由信息。

4.1　RIPv1 的基本配置

路由信息协议(Routing Information Protocol，RIP)可传递路由信息，通过每隔 30 秒广播一次路由表来维护与相邻路由器的位置关系，同时根据收到的路由表信息计算自己的路由表信息。RIP 是一个距离矢量路由协议，最大跳数为 15 跳，超过 15 跳的网络则认为目标网络不可达。此协议通常用在网络架构较为简单的小型网络环境，分为 RIPv1 和 RIPv2 两个版本，后者支持 VLSM 技术以及一系列技术上的改进。

4.1.1　实验目的

(1) 熟悉动态网络拓扑结构；

(2) 掌握部署 RIPv1 动态路由协议的方法；

(3) 理解 RIPv1 协议的工作原理；

(4) 掌握 RIPv1 协议的配置命令。

4.1.2　实验原理

RIP 是应用最早的内部网关路由协议，适合小型网络。RIPv1 是有类路由协议，仅适用于有类网络地址。RIP 协议通过路由信息的交换来生成和维护路由器上的路由表，当网络拓扑结构发生变化时，可以自动更新路由表，依据到达目的网络“跳数”的多少来选择最佳路由。RIP 协议与静态路由相比，有以下特点：

(1) 当网络拓扑结构发生变化时，无需管理员人工参与，路由表会自动更新；

(2) 网络设备配置简单；

(3) 支持网络扩展。

为了方便管理，管理员通常会为每台路由器创建 Loopback 接口，这是应用最为广泛的一种虚拟接口。管理员为该接口单独指定一个 IP 地址作为管理地址，并使用此地址对路由器进行远程登录(Telnet)。虚拟接口的状态永远是开启的，大多数平台都支持使用这种接口来模拟真正的接口，并常常将它作为路由器 IP，因为它不会像物理接口那样因为各种因素的影响而导致接口被关闭。

4.1.3　实验步骤

(1) 创建网络拓扑图，连接和启动设备如图 4.1 所示。

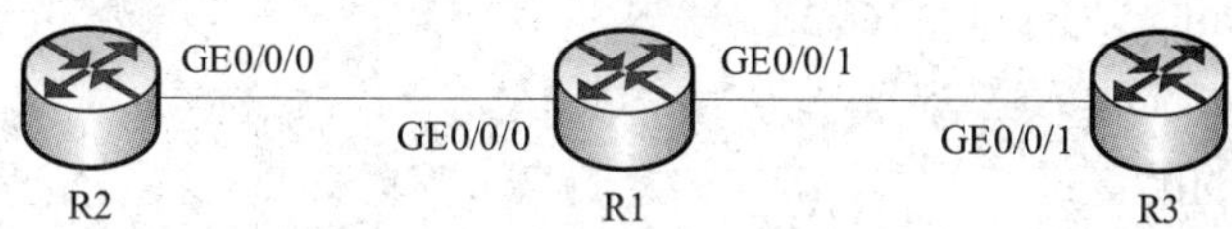

图 4.1　RIPv1 拓扑图

(2) 根据表 4.1 为路由器接口配置 IP 地址。

表 4.1　路由器的 IP 地址规划表

设备	接口	IP 地址	子网掩码
R1	GE0/0/0	192.168.12.1	255.255.255.0
	GE0/0/1	192.168.13.1	255.255.255.0
	Loopback0	192.168.1.1	255.255.255.0
R2	GE0/0/0	192.168.12.2	255.255.255.0
	Loopback0	192.168.2.1	255.255.255.0
R3	GE0/0/1	192.168.13.3	255.255.255.0
	Loopback0	192.168.3.1	255.255.255.0

① 路由器 R1 的配置：

```
<Huawei>system-view
```

```
[Huawei]sysname R1
[R1]interface GigabitEthernet0/0/0
[R1-GigabitEthernet0/0/0]ip address 192.168.12.1 24
[R1]interface GigabitEthernet0/0/1
[R1-GigabitEthernet0/0/0]ip address 192.168.13.1 24
[R1]interface LoopBack 0
[R1-LoopBack0]ip address 192.168.1.1 24
[R1-LoopBack0]quit
```

② 路由器 R2 的配置：

```
<Huawei>system-view
[Huawei]sysname R2
[R2]interface GigabitEthernet0/0/0
[R2-GigabitEthernet0/0/0]ip address 192.168.12.2 24
[R2]interface LoopBack 0
[R2-LoopBack0]ip address 192.168.2.1 24
[R2-LoopBack0]quit
```

③ 路由器 R3 的配置：

```
<Huawei>system-view
[Huawei]sysname R3
[R3]interface GigabitEthernet0/0/1
[R3-GigabitEthernet0/0/1]ip address 192.168.13.3 24
[R3-GigabitEthernet0/0/1]quit
[R3]interface LoopBack 0
[R3-LoopBack0]ip address 192.168.3.1 24
[R3-LoopBack0]quit
```

(3) 分别查看三台路由器的路由表，如图 4.2～图 4.4 所示。

(4) 为路由器配置 RIPv1。

① 在 R1 上启用 RIPv1 并宣告直连网络：

```
[R1]rip
[R1-rip-1]network 192.168.1.0
[R1-rip-1]network 192.168.12.0
[R1-rip-1]network 192.168.13.0
```

② 在 R2 上启用 RIPv1 并宣告直连网络：

[R2]rip

[R2-rip-1]network 192.168.2.0

[R2-rip-1]network 192.168.12.0

③ 在 R3 上启用 RIPv1 并宣告直连网络：

[R3]rip

[R3-rip-1]network 192.168.3.0

[R3-rip-1]network 192.168.13.0

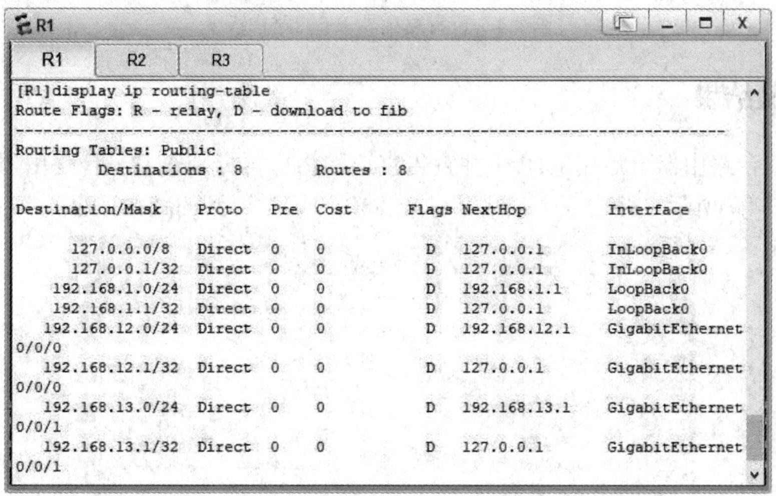

```
[R1]display ip routing-table
Route Flags: R - relay, D - download to fib
------------------------------------------------------------------------------
Routing Tables: Public
         Destinations : 8        Routes : 8

Destination/Mask    Proto   Pre  Cost      Flags NextHop         Interface

      127.0.0.0/8   Direct  0    0           D   127.0.0.1       InLoopBack0
      127.0.0.1/32  Direct  0    0           D   127.0.0.1       InLoopBack0
    192.168.1.0/24  Direct  0    0           D   192.168.1.1     LoopBack0
    192.168.1.1/32  Direct  0    0           D   127.0.0.1       LoopBack0
   192.168.12.0/24  Direct  0    0           D   192.168.12.1    GigabitEthernet
0/0/0
   192.168.12.1/32  Direct  0    0           D   127.0.0.1       GigabitEthernet
0/0/0
   192.168.13.0/24  Direct  0    0           D   192.168.13.1    GigabitEthernet
0/0/1
   192.168.13.1/32  Direct  0    0           D   127.0.0.1       GigabitEthernet
0/0/1
```

图 4.2　查看路由器 R1 的路由表

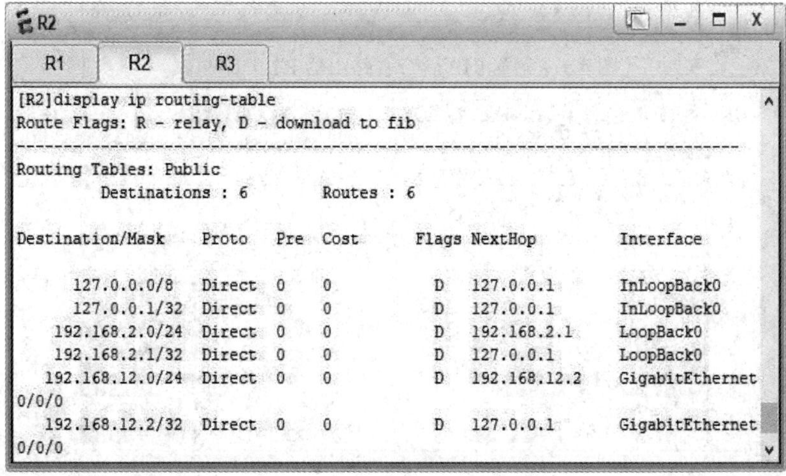

```
[R2]display ip routing-table
Route Flags: R - relay, D - download to fib
------------------------------------------------------------------------------
Routing Tables: Public
         Destinations : 6        Routes : 6

Destination/Mask    Proto   Pre  Cost      Flags NextHop         Interface

      127.0.0.0/8   Direct  0    0           D   127.0.0.1       InLoopBack0
      127.0.0.1/32  Direct  0    0           D   127.0.0.1       InLoopBack0
    192.168.2.0/24  Direct  0    0           D   192.168.2.1     LoopBack0
    192.168.2.1/32  Direct  0    0           D   127.0.0.1       LoopBack0
   192.168.12.0/24  Direct  0    0           D   192.168.12.2    GigabitEthernet
0/0/0
   192.168.12.2/32  Direct  0    0           D   127.0.0.1       GigabitEthernet
0/0/0
```

图 4.3　查看路由器 R2 的路由表

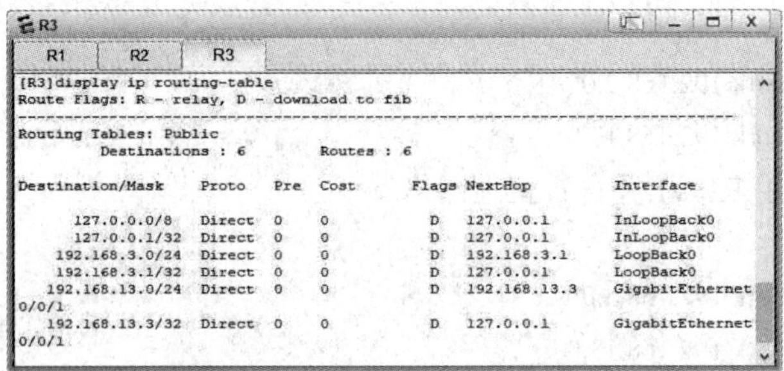

```
[R3]display ip routing-table
Route Flags: R - relay, D - download to fib
------------------------------------------------------------------------------
Routing Tables: Public
         Destinations : 6        Routes : 6

Destination/Mask    Proto   Pre  Cost      Flags NextHop         Interface

      127.0.0.0/8   Direct  0    0           D   127.0.0.1       InLoopBack0
      127.0.0.1/32  Direct  0    0           D   127.0.0.1       InLoopBack0
    192.168.3.0/24  Direct  0    0           D   192.168.3.1     LoopBack0
    192.168.3.1/32  Direct  0    0           D   127.0.0.1       LoopBack0
   192.168.13.0/24  Direct  0    0           D   192.168.13.3    GigabitEthernet
0/0/1
   192.168.13.3/32  Direct  0    0           D   127.0.0.1       GigabitEthernet
0/0/1
```

图 4.4　查看路由器 R3 的路由表

4.1.4　实验结果

(1) 在三台路由器上启用 R1Pv1 并宣告直连网络后再分别查看三台路由器的路由表，如图 4.5～图 4.7 所示，路由表上出现了通过 RIP 协议学习到的路由信息。

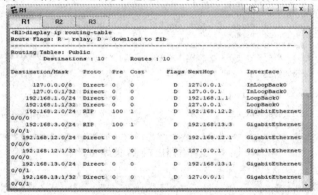

```
<R1>display ip routing-table
Route Flags: R - relay, D - download to fib
------------------------------------------------------------------------------
Routing Tables: Public
         Destinations : 10       Routes : 10

Destination/Mask    Proto   Pre  Cost      Flags NextHop         Interface

      127.0.0.0/8   Direct  0    0           D   127.0.0.1       InLoopBack0
      127.0.0.1/32  Direct  0    0           D   127.0.0.1       InLoopBack0
    192.168.1.0/24  Direct  0    0           D   192.168.1.1     LoopBack0
    192.168.1.1/32  Direct  0    0           D   127.0.0.1       LoopBack0
    192.168.2.0/24  RIP     100  1           D   192.168.12.2    GigabitEthernet
0/0/0
    192.168.3.0/24  RIP     100  1           D   192.168.13.3    GigabitEthernet
0/0/1
   192.168.12.0/24  Direct  0    0           D   192.168.12.1    GigabitEthernet
0/0/0
   192.168.12.1/32  Direct  0    0           D   127.0.0.1       GigabitEthernet
0/0/0
   192.168.13.0/24  Direct  0    0           D   192.168.13.1    GigabitEthernet
0/0/1
   192.168.13.1/32  Direct  0    0           D   127.0.0.1       GigabitEthernet
0/0/1
```

图 4.5　配置 RIP 后查看路由器 R1 的路由表

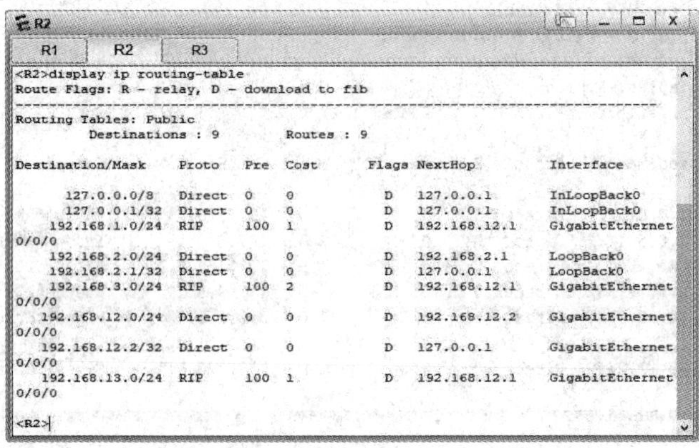

```
<R2>display ip routing-table
Route Flags: R - relay, D - download to fib
------------------------------------------------------------------------------
Routing Tables: Public
         Destinations : 9        Routes : 9

Destination/Mask    Proto   Pre  Cost      Flags NextHop         Interface

      127.0.0.0/8   Direct  0    0           D   127.0.0.1       InLoopBack0
      127.0.0.1/32  Direct  0    0           D   127.0.0.1       InLoopBack0
    192.168.1.0/24  RIP     100  1           D   192.168.12.1    GigabitEthernet
0/0/0
    192.168.2.0/24  Direct  0    0           D   192.168.2.1     LoopBack0
    192.168.2.1/32  Direct  0    0           D   127.0.0.1       LoopBack0
    192.168.3.0/24  RIP     100  2           D   192.168.12.1    GigabitEthernet
0/0/0
   192.168.12.0/24  Direct  0    0           D   192.168.12.2    GigabitEthernet
0/0/0
   192.168.12.2/32  Direct  0    0           D   127.0.0.1       GigabitEthernet
0/0/0
   192.168.13.0/24  RIP     100  1           D   192.168.12.1    GigabitEthernet
0/0/0

<R2>
```

图 4.6　配置 RIP 后查看路由器 R2 的路由表

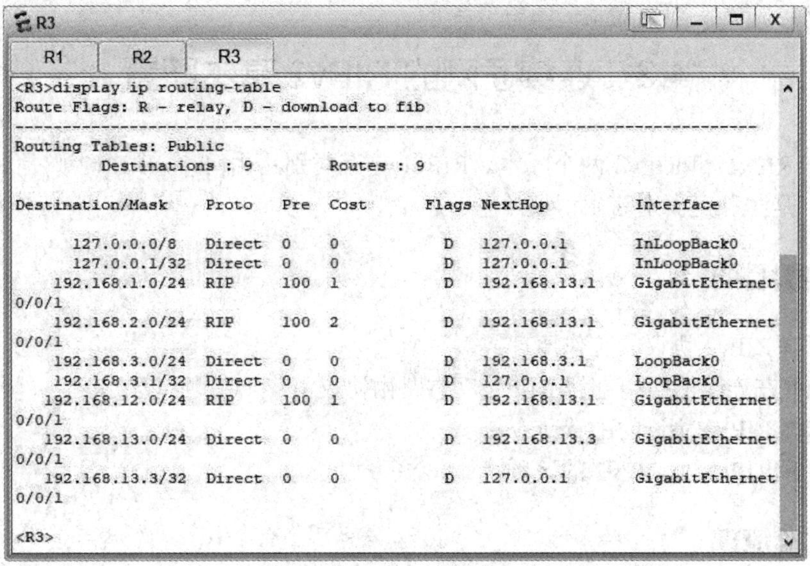

```
<R3>display ip routing-table
Route Flags: R - relay, D - download to fib
------------------------------------------------------------------------------
Routing Tables: Public
         Destinations : 9        Routes : 9

Destination/Mask    Proto   Pre  Cost      Flags NextHop         Interface

      127.0.0.0/8   Direct  0    0           D   127.0.0.1       InLoopBack0
      127.0.0.1/32  Direct  0    0           D   127.0.0.1       InLoopBack0
    192.168.1.0/24  RIP     100  1           D   192.168.13.1    GigabitEthernet
0/0/1
    192.168.2.0/24  RIP     100  2           D   192.168.13.1    GigabitEthernet
0/0/1
    192.168.3.0/24  Direct  0    0           D   192.168.3.1     LoopBack0
    192.168.3.1/32  Direct  0    0           D   127.0.0.1       LoopBack0
   192.168.12.0/24  RIP     100  1           D   192.168.13.1    GigabitEthernet
0/0/1
   192.168.13.0/24  Direct  0    0           D   192.168.13.3    GigabitEthernet
0/0/1
   192.168.13.3/32  Direct  0    0           D   127.0.0.1       GigabitEthernet
0/0/1

<R3>
```

图 4.7　配置 RIP 后查看路由器 R3 的路由表

(2) 检查连通性。在 R1 上使用 ping 命令测试到达 R3 上的 Loopback0 接口，图 4.8 所示表明在三台路由器上的 RIPv1 配置成功。

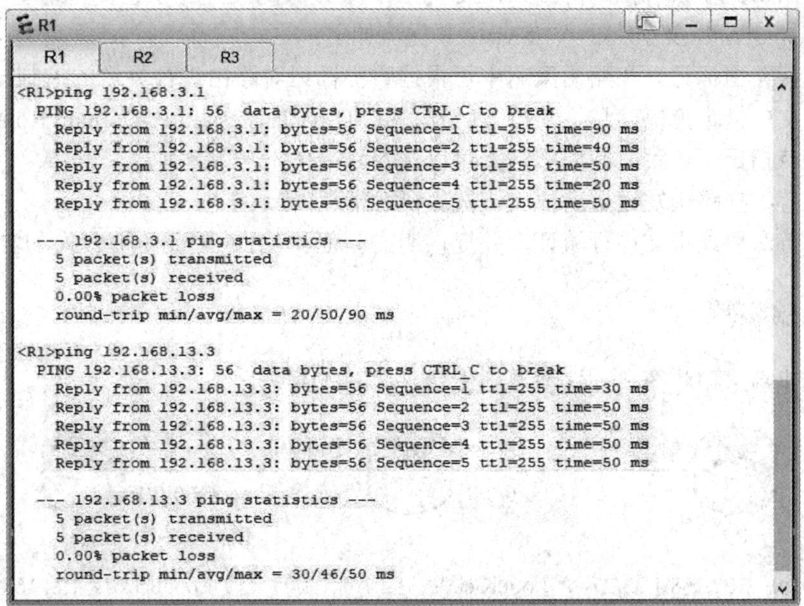

```
<R1>ping 192.168.3.1
  PING 192.168.3.1: 56  data bytes, press CTRL_C to break
    Reply from 192.168.3.1: bytes=56 Sequence=1 ttl=255 time=90 ms
    Reply from 192.168.3.1: bytes=56 Sequence=2 ttl=255 time=40 ms
    Reply from 192.168.3.1: bytes=56 Sequence=3 ttl=255 time=50 ms
    Reply from 192.168.3.1: bytes=56 Sequence=4 ttl=255 time=20 ms
    Reply from 192.168.3.1: bytes=56 Sequence=5 ttl=255 time=50 ms

  --- 192.168.3.1 ping statistics ---
    5 packet(s) transmitted
    5 packet(s) received
    0.00% packet loss
    round-trip min/avg/max = 20/50/90 ms

<R1>ping 192.168.13.3
  PING 192.168.13.3: 56  data bytes, press CTRL_C to break
    Reply from 192.168.13.3: bytes=56 Sequence=1 ttl=255 time=30 ms
    Reply from 192.168.13.3: bytes=56 Sequence=2 ttl=255 time=50 ms
    Reply from 192.168.13.3: bytes=56 Sequence=3 ttl=255 time=50 ms
    Reply from 192.168.13.3: bytes=56 Sequence=4 ttl=255 time=50 ms
    Reply from 192.168.13.3: bytes=56 Sequence=5 ttl=255 time=50 ms

  --- 192.168.13.3 ping statistics ---
    5 packet(s) transmitted
    5 packet(s) received
    0.00% packet loss
    round-trip min/avg/max = 30/46/50 ms
```

图 4.8　在路由器 R1 上 ping 路由器 R3

4.2　连续子网的 RIPv2 基本配置

RIP 有 RIPv1 和 RIPv2 两个版本。RIPv1 是有类别路由协议，RIPv2 则是 RIPv1 协议的改进版，是一种无类别路由协议。

4.2.1　实验目的

(1) 理解 RIPv2 协议的工作原理；
(2) 掌握在连续网络中部署 RIPv2 动态路由协议；
(3) 掌握 RIPv2 协议的配置命令；
(4) 理解 RIPv1 与 RIPv2 的区别。

4.2.2　实验原理

RIPv1 仅适用于有类网络路由，其协议报文无法携带掩码信息，只能识别 A、B、C 类自然网段的路由，因此 RIPv1 不支持非连续子网。当网络中划分了子网时，RIPv1 仅通告其主类网络地址，形成路由表。RIPv2 与 RIPv1 最大的区别在于它支持可变长子网掩码(Variable Length Subnet Mask，VLSM)，其优势如下：

(1) 支持路由标记，在路由策略中可根据路由标记对路由进行灵活的控制；
(2) 报文中携带掩码信息，支持 VLSM 和 CIDR(Classless Inter-Domain Routing)；
(3) 支持指定下一跳，在广播网上可以选择到最优下一跳地址；
(4) 支持组播路由发送更新报文，减少资源消耗；
(5) 支持对协议报文进行验证，并提供明文验证和 MD5 验证两种方式，增强安全性。

4.2.3　实验步骤

(1) 创建网络拓扑图，连接和启动设备，如图 4.9 所示。

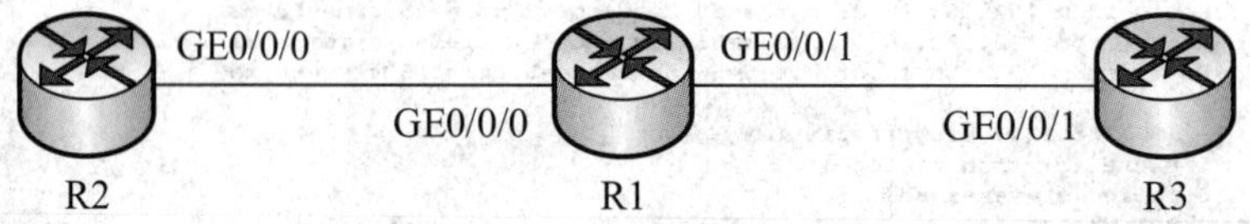

图 4.9　RIPv2 拓扑图

(2) 按照表 4.2 所示的地址规划路由器配置接口地址。(略)

表 4.2　路由器的 IP 地址规划表

设备	接口	IP 地址	子网掩码
R1	GE0/0/0	192.168.1.225	255.255.255.252
	GE0/0/1	192.168.1.229	255.255.255.252
	Loopback0	192.168.1.1	255.255.255.224
R2	GE0/0/0	192.168.1.226	255.255.255.252
	Loopback0	192.168.1.33	255.255.255.224
R3	GE0/0/1	192.168.1.230	255.255.255.252
	Loopback0	192.168.1.65	255.255.255.224

(3) 在路由器上宣告各自直连网络。

当在 R2 上使用 RIPv1 宣告直连路由 192.168.1.224 时，路由器发出如下提示：

```
<R2>system-view
[R2]rip
[R2-rip-1]network 192.168.1.224
Error: The network address is invalid, and the specified address must be major-net address without any subnets.
```

该提示表明，网络地址 192.168.1.224 在该配置模式下是无效的网络地址。由于目前使用的是 RIPv1 路由协议，而该协议不支持 VLSM，子网 192.168.1.224 的掩码长度为 27，故会有此提示。

在 RIPv1 中，宣告的网络地址必须是未划分子网的主类 IP 地址。

(4) 在路由器上启用 RIPv2 并宣告各自直连网络。

配置 RIPv2 版本，只需在 RIP 配置视图下键入“version 2”命令即可。

① 在 R1 上启用 RIPv2 并宣告直连网络：

```
[R1]rip
[R1-rip-1]version 2
[R1-rip-1]network 192.168.1.0
```

② 在 R2 上启用 RIPv2 并宣告直连网络：

```
[R2]rip
```

```
[R2-rip-1]version 2
[R2-rip-1]network 192.168.1.0
```

③ 在 R3 上启用 RIPv2 并宣告直连网络：

```
[R3]rip
[R3-rip-1]version 2
[R3-rip-1]network 192.168.1.0
```

由于在该实验中，所有接口的 IP 地址均为 192.168.1.0 的子网，因此，在宣告路由时，仅需要宣告该条路由即可。

4.2.4　实验结果

1. 查看路由表

由图 4.10 所示的路由表可见，在三台路由器上均启用 RIPv2 后，在 R1 的路由表上获得了 2 条通过 RIP 协议学习到的路由信息。

```
R1
R1    R2    R3
[R1]display ip routing-table
Route Flags: R - relay, D - download to fib
------------------------------------------------------------------------------
Routing Tables: Public
         Destinations : 10       Routes : 10

Destination/Mask    Proto   Pre  Cost      Flags NextHop         Interface

      127.0.0.0/8   Direct  0    0           D   127.0.0.1       InLoopBack0
      127.0.0.1/32  Direct  0    0           D   127.0.0.1       InLoopBack0
    192.168.1.0/27  Direct  0    0           D   192.168.1.1     LoopBack0
    192.168.1.1/32  Direct  0    0           D   127.0.0.1       LoopBack0
   192.168.1.32/27  RIP     100  1           D   192.168.1.226   GigabitEthernet
0/0/0
   192.168.1.64/27  RIP     100  1           D   192.168.1.230   GigabitEthernet
0/0/1
  192.168.1.224/30  Direct  0    0           D   192.168.1.225   GigabitEthernet
0/0/0
  192.168.1.225/32  Direct  0    0           D   127.0.0.1       GigabitEthernet
0/0/0
  192.168.1.228/30  Direct  0    0           D   192.168.1.229   GigabitEthernet
0/0/1
  192.168.1.229/32  Direct  0    0           D   127.0.0.1       GigabitEthernet
0/0/1
```

图 4.10　查看路由器 R1 的路由表

为了便于查看，还可以使用 display ip routing-table protocol rip 命令来查看通过 RIP 路由协议学习到的路由信息，在路由器 R2 上使用以上命令的输出结果如图 4.11 所示。

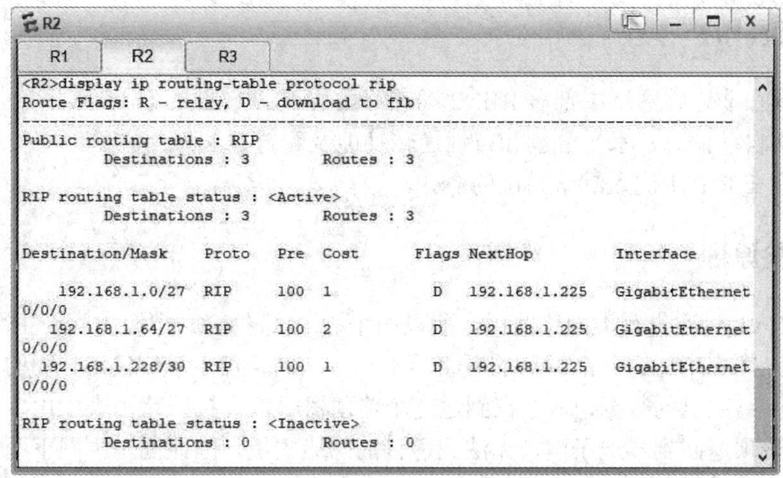

```
R2
R1    R2    R3
<R2>display ip routing-table protocol rip
Route Flags: R - relay, D - download to fib
------------------------------------------------------------------------------
Public routing table : RIP
         Destinations : 3        Routes : 3

RIP routing table status : <Active>
         Destinations : 3        Routes : 3

Destination/Mask    Proto   Pre  Cost      Flags NextHop         Interface

    192.168.1.0/27  RIP     100  1           D   192.168.1.225   GigabitEthernet
0/0/0
   192.168.1.64/27  RIP     100  2           D   192.168.1.225   GigabitEthernet
0/0/0
  192.168.1.228/30  RIP     100  1           D   192.168.1.225   GigabitEthernet
0/0/0

RIP routing table status : <Inactive>
         Destinations : 0        Routes : 0
```

图 4.11　查看路由器 R2 的 rip 路由表

2. 检查连通性

在 R2 上使用 ping 命令，测试到达 R3 路由器环回接口 Loopback0 的连通性，图 4.12 表明路由器 R2 能够与 R3 的环回接口相互通信。

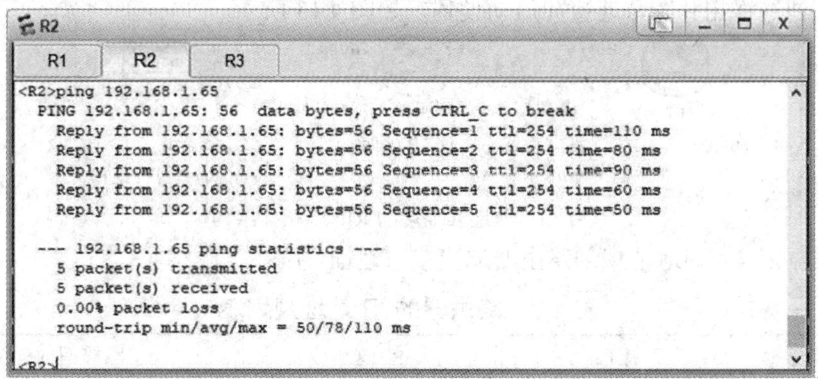

```
R2
R1    R2    R3
<R2>ping 192.168.1.65
  PING 192.168.1.65: 56  data bytes, press CTRL_C to break
    Reply from 192.168.1.65: bytes=56 Sequence=1 ttl=254 time=110 ms
    Reply from 192.168.1.65: bytes=56 Sequence=2 ttl=254 time=80 ms
    Reply from 192.168.1.65: bytes=56 Sequence=3 ttl=254 time=90 ms
    Reply from 192.168.1.65: bytes=56 Sequence=4 ttl=254 time=60 ms
    Reply from 192.168.1.65: bytes=56 Sequence=5 ttl=254 time=50 ms

  --- 192.168.1.65 ping statistics ---
    5 packet(s) transmitted
    5 packet(s) received
    0.00% packet loss
    round-trip min/avg/max = 50/78/110 ms

<R2>
```

图 4.12　在 R2 上 ping 路由器 R3 的环回接口

4.3　非连续子网的 RIPv2 基本配置

由于 RIPv1 会自动汇总有类网络间各子网的路由，因此 RIPv1 不支持非连续子网。而 RIPv2 可显示明细路由，子网不会自动生成同一主网的有类聚合路由，因此适用于非连续子网。

4.3.1 实验目的

(1) 掌握在非连续网络中部署 RIPv2 动态路由协议的方法；
(2) 理解自动汇总、水平分割和毒性逆转功能及配置方法；
(3) 掌握在 RIP 中注入默认路由的命令。

4.3.2 实验原理

由于 RIPv1 只通告有类网络路由，所以两个被隔离的连续子网(由同一主网划分)会在同一路由器上生成到达同一汇聚目的网络但不同方向的路由表项。任何一侧的主机发送一个到达目的网络主机的数据包时，在到达这个路由器时都会按照路由表中由本侧子网生成的汇聚路由表项返回到本地子网，无法到达目的网络主机，因此同一主网下两侧子网中的主机不能相互通信。而 RIPv2 在非连续子网下，子网不会自动生成同一主网的有类聚合路由，因此两个由同一主网划分的子网主机可以正常通信。

4.3.3 实验步骤

(1) 创建网络拓扑图，连接和启动设备，如图 4.13 所示。

图 4.13　非连续地址的 RIPv2 拓扑结构

(2) 根据表 4.3 的地址规划路由器配置接口地址。(略)

表 4.3　路由器的 IP 地址规划表

设备	接口	IP 地址	子网掩码
R1	GE0/0/0	192.168.12.1	255.255.255.0
	GE0/0/1	192.168.13.1	255.255.255.0
	Loopback0	172.16.1.1	255.255.255.0
R2	GE0/0/0	192.168.12.2	255.255.255.0
	Loopback0	172.16.2.2	255.255.255.0
R3	GE0/0/1	192.168.13.3	255.255.255.0
	Loopback0	172.16.3.3	255.255.255.0
	Loopback1	172.16.4.3	255.255.255.0

(3) 在路由器上宣告各自直连网络。(略)

4.3.4　实验结果

(1) 在路由器 R1、R2 和 R3 中分别运行 RIPv1 并查看 R1 的路由表。从图 4.14 所示的 R1 路由表可以看出，它从 192.168.12.2 和 192.168.13.3 均学习到一条到目的网络 172.16.0.0 的路由信息。

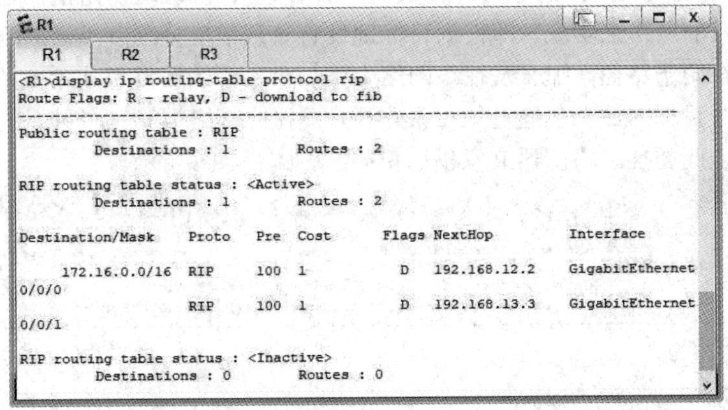

图 4.14　路由器 R1 运行 R1Pv1 的 RIP 路由表

(2) 在路由器 R1 上使用命令 ping 测试到达路由器 R3 的 Loopback 接口，输出结果如图 4.15 所示。

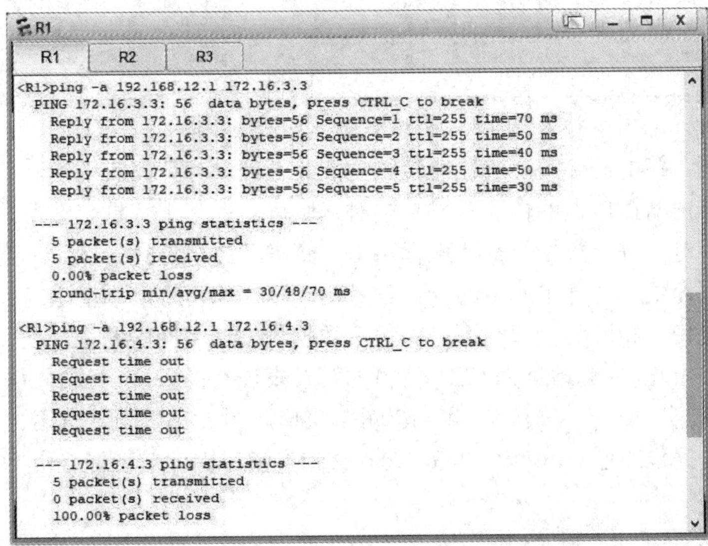

图 4.15　路由器 R1 的 GE0/0/0 接口 ping 路由器 R3 的环回接口

图 4.15 所示的 ping 命令使用了参数"-a",用于设定 ping 命令发出的源地址,命令"ping -a 192.168.12.1 172.16.3.3"含义是：使用 ping 命令，源地址为 192.168.12.1，目的地址为 172.16.3.3(若不特别设定源地址,默认的源地址为 R1 的 GE0/0/1 接口 IP 地址 192.168.13.1)。

从以上 ping 命令的返回结果发现，从 192.168.12.1 接口 ping 172.16.3.3 可以 ping 通，但是 ping 172.16.4.3 接口不通。其原因在于 R1 分别从 192.168.12.2 和 192.168.13.3 各学习到一条目的网络地址为 172.16.0.0 的路由信息。在以 192.168.12.1 为源地址 ping 时，R1 会将 ping 数据包通过负载均衡的方式转发出去。路由器执行负载均衡是由快速转发表来控制的，并且根据目的网络来实现，即根据目标地址将负载依次分配到不同的路径转发。假设到一个网络存在两条路径，那么发往该网络中第一个目标的数据包从第一条路径通过，发往网络中第二个目标的数据包通过第二条路径，发往此网络中第三个目标的数据包又通过第一条路径，以此类推。路由器 R1 的快速转发表如图 4.16 所示。

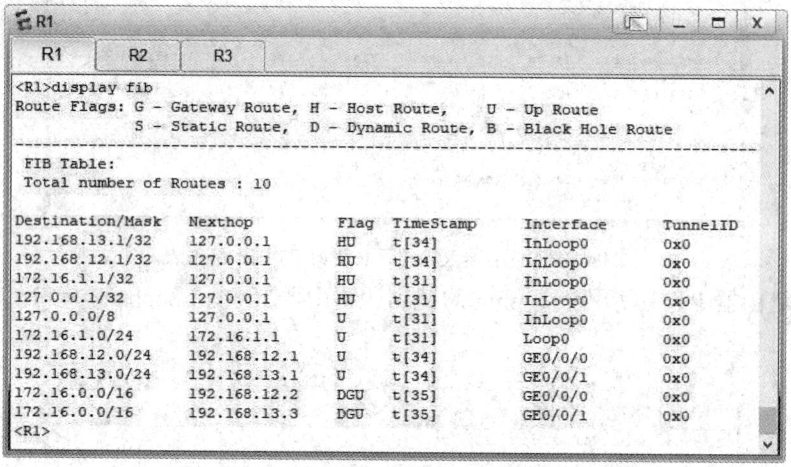

```
<R1>display fib
Route Flags: G - Gateway Route, H - Host Route,    U - Up Route
             S - Static Route,  D - Dynamic Route, B - Black Hole Route
------------------------------------------------------------------------------
 FIB Table:
 Total number of Routes : 10

Destination/Mask   Nexthop         Flag  TimeStamp     Interface       TunnelID
192.168.13.1/32    127.0.0.1       HU    t[34]         InLoop0         0x0
192.168.12.1/32    127.0.0.1       HU    t[34]         InLoop0         0x0
172.16.1.1/32      127.0.0.1       HU    t[31]         InLoop0         0x0
127.0.0.1/32       127.0.0.1       HU    t[31]         InLoop0         0x0
127.0.0.0/8        127.0.0.1       U     t[31]         InLoop0         0x0
172.16.1.0/24      172.16.1.1      U     t[31]         Loop0           0x0
192.168.12.0/24    192.168.12.1    U     t[34]         GE0/0/0         0x0
192.168.13.0/24    192.168.13.1    U     t[34]         GE0/0/1         0x0
172.16.0.0/16      192.168.12.2    DGU   t[35]         GE0/0/0         0x0
172.16.0.0/16      192.168.13.3    DGU   t[35]         GE0/0/1         0x0
<R1>
```

图 4.16　路由器 R1 的快速转发表

默认情况下，路由器接口上的快速转发功能是开启的，可以实现基于目的地址的负载均衡。当关闭路由器接口上的快速转发功能时，则可实现基于数据包的负载均衡。在这种情况下，路由器对于每个数据包都要进行路由表查询和接口选择，然后再查询数据链路信息。因为每一次为数据包确定路由的过程都是相互独立的，所以不会强制去往相同目标网络的所有数据包使用相同的接口，而是将每个数据包使用不同的路径转发。

从图 4.16 中可见,目的地址为 172.16.0.0 的转发表项有两条,下一跳分别为 192.168.12.2 和 192.168.13.3，分别对应 GE0/0/0 和 GE0/0/1 接口。图 4.15 所示的测试中，路由器分别将两个 ICMP 数据包通过 GE0/0/1 和 GE0/0/0 接口发出，因此前者能 ping 通，而后者不能 ping 通。

(3) 在路由器 R1、R2 和 R3 中均运行 RIPv2 并查看 R1 的路由表。由图 4.17 可以看出，运行 RIPv2 后，在 R1 上出现网络中的所有明细路由，多条路由信息的情况也随之消失。

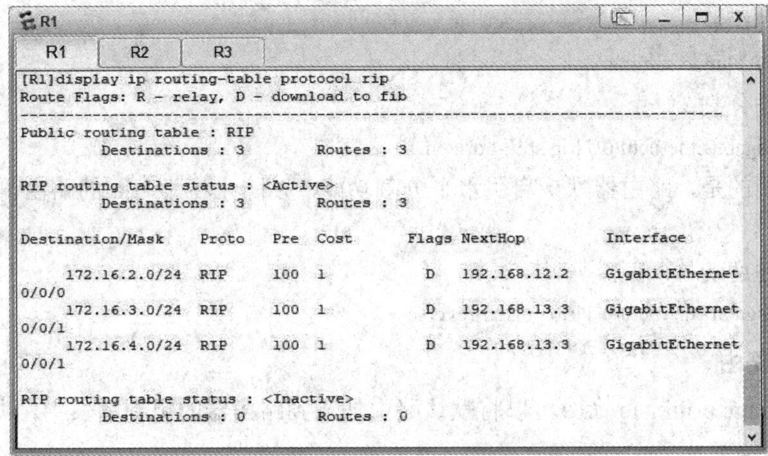

```
[R1]display ip routing-table protocol rip
Route Flags: R - relay, D - download to fib
------------------------------------------------------------------------------
Public routing table : RIP
         Destinations : 3        Routes : 3

RIP routing table status : <Active>
         Destinations : 3        Routes : 3

Destination/Mask    Proto   Pre  Cost      Flags NextHop         Interface

    172.16.2.0/24  RIP     100  1           D   192.168.12.2    GigabitEthernet
0/0/0
    172.16.3.0/24  RIP     100  1           D   192.168.13.3    GigabitEthernet
0/0/1
    172.16.4.0/24  RIP     100  1           D   192.168.13.3    GigabitEthernet
0/0/1

RIP routing table status : <Inactive>
         Destinations : 0        Routes : 0
```

图 4.17　路由器 R1 运行 RIPv2 的 RIP 路由表

此时再使用源地址为 192.168.12.1 来 ping 路由器 R3 的两个环回接口，结果显示都能够 ping 通，如图 4.18 所示。

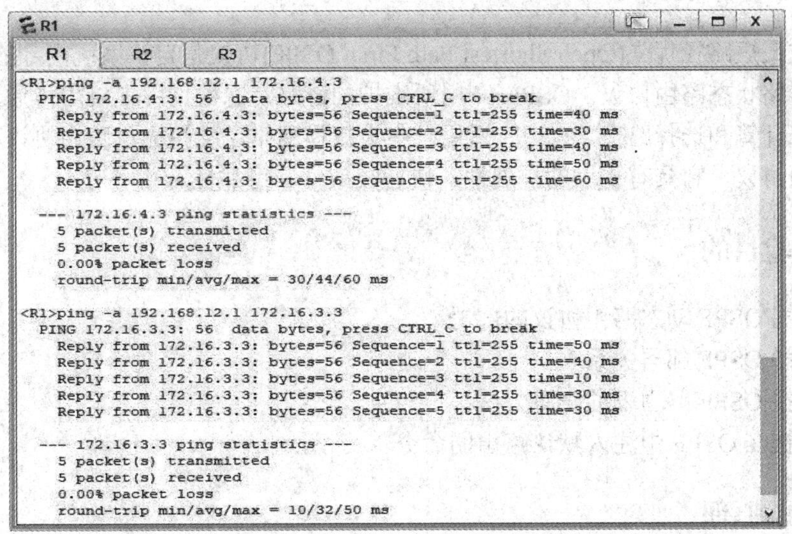

```
<R1>ping -a 192.168.12.1 172.16.4.3
  PING 172.16.4.3: 56  data bytes, press CTRL_C to break
    Reply from 172.16.4.3: bytes=56 Sequence=1 ttl=255 time=40 ms
    Reply from 172.16.4.3: bytes=56 Sequence=2 ttl=255 time=30 ms
    Reply from 172.16.4.3: bytes=56 Sequence=3 ttl=255 time=40 ms
    Reply from 172.16.4.3: bytes=56 Sequence=4 ttl=255 time=50 ms
    Reply from 172.16.4.3: bytes=56 Sequence=5 ttl=255 time=60 ms

  --- 172.16.4.3 ping statistics ---
    5 packet(s) transmitted
    5 packet(s) received
    0.00% packet loss
    round-trip min/avg/max = 30/44/60 ms

<R1>ping -a 192.168.12.1 172.16.3.3
  PING 172.16.3.3: 56  data bytes, press CTRL_C to break
    Reply from 172.16.3.3: bytes=56 Sequence=1 ttl=255 time=50 ms
    Reply from 172.16.3.3: bytes=56 Sequence=2 ttl=255 time=40 ms
    Reply from 172.16.3.3: bytes=56 Sequence=3 ttl=255 time=10 ms
    Reply from 172.16.3.3: bytes=56 Sequence=4 ttl=255 time=30 ms
    Reply from 172.16.3.3: bytes=56 Sequence=5 ttl=255 time=30 ms

  --- 172.16.3.3 ping statistics ---
    5 packet(s) transmitted
    5 packet(s) received
    0.00% packet loss
    round-trip min/avg/max = 10/32/50 ms
```

图 4.18　路由器 R1 的 GE0/0/0 接口 ping 路由器 R3 的环回接口

4.3.5　补充

1. 自动汇总、水平分割和毒性逆转

在距离向量路由协议中，为了防止产生路由环路，一般会采取关闭自动汇总、启用水

平分割和防止毒性逆转功能。在路由器上可以使用以下命令进行配置。

关闭自动汇总：

```
[R3-rip-1]undo summary
```

启用水平分割：

```
[R3-GigabitEthernet0/0/1]rip split-horizon
```

需要说明的是，路由器默认启用水平分割功能，以防止将学习到的路由再从相同的接口转发出去。

防止毒性逆转：

```
[R3-GigabitEthernet0/0/1]rip poison-reverse
```

2. 默认路由

default-route originate 命令可以将默认路由加入到路由器的更新列表中，以便在拓扑中传播默认路由。

4.4 单区域 OSPF 的配置

开放式最短路径优先(Open Shortest Path First，OSPF)协议是自治系统内部的路由协议，是典型的链路状态路由协议。OSPF 利用所维护的链路状态数据库 LSDB，通过最短路径优先算法来计算和选择路由。OSPF 适用于中大规模网络，支持无类路由协议。相较于距离向量路由协议，它具有更大的扩展性、快速收敛性和可靠性。

4.4.1 实验目的

(1) 掌握 OSPF 动态路由协议的部署；
(2) 熟悉 OSPF 邻居关系表；
(3) 掌握 OSPF 路由表的查看方法；
(4) 掌握在 OSPF 中注入默认路由的命令。

4.4.2 实验原理

OSPF 提出了“区域(Area)”的概念，每个区域中所有路由器维护着一个相同的链路状态数据库。区域又分为骨干区域(编号为 0)和非骨干区域，如果一个运行 OSPF 的网络只存在单一区域，则该区域可以是骨干区域或者非骨干区域。如果该网络存在多个区域，那么必须存在骨干区域，并且所有非骨干区域必须和骨干区域直接相连。

4.4.3 实验步骤

(1) 创建网络拓扑图，连接和启动设备，如图 4.19 所示。

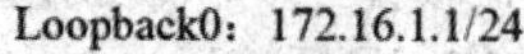

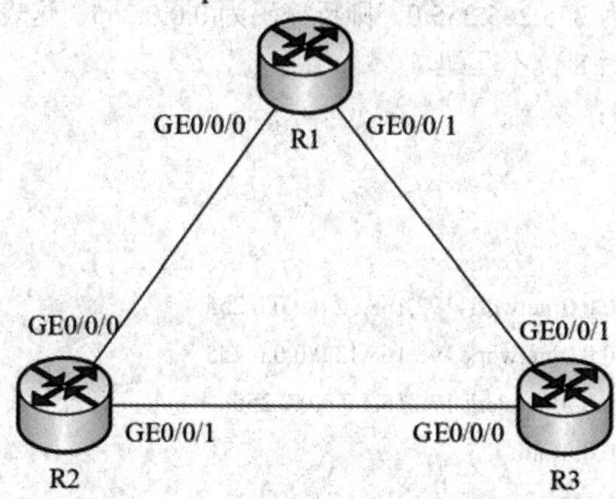

图 4.19　配置 OSPF 拓扑结构

(2) 根据表 4.4 配置路由器各接口地址。(略)

表 4.4　路由器的 IP 地址规划表

设备	接口	IP 地址	子网掩码
R1	GE0/0/0	192.168.12.1	255.255.255.0
	GE0/0/1	192.168.13.1	255.255.255.0
	Loopback0	172.16.1.1	255.255.255.0
R2	GE0/0/0	192.168.12.2	255.255.255.0
	GE0/0/1	192.168.23.2	255.255.255.0
	Loopback0	172.16.2.2	255.255.255.0
R3	GE0/0/1	192.168.13.3	255.255.255.0
	GE0/0/0	192.168.23.3	255.255.255.0
	Loopback0	172.16.3.3	255.255.255.0

(3) 为路由器配置 OSPF 路由协议。

使用命令 network{*network-address wildcard-mask*}进行配置。*wildcard-mask* 英文直译过来是通配符掩码，在这里表示反掩码。它的匹配规则与子网掩码 *sub-mask* 正好相反，其作用是告诉路由设备应该匹配或者比较哪些位，0 表示匹配，1 表示不匹配或忽略。如 IP 为 192.168.12.1，掩码为 255.255.255.0，则反掩码为 0.0.0.255。这表明只匹配网络地址段，即只匹配到前 24 位，后 8 位不匹配。

(1) 配置路由器 R1：

```
<R1>system-view
[R1]ospf 1
[R1-ospf-1]area 0
[R1-ospf-1-area-0.0.0.0]network 192.168.12.0 0.0.0.255
[R1-ospf-1-area-0.0.0.0]network 192.168.13.0 0.0.0.255
[R1-ospf-1-area-0.0.0.0]network 172.16.1.0 0.0.0.255
[R1-ospf-1-area-0.0.0.0]quit
```

(2) 配置路由器 R2：

```
<R2>system-view
[R2]ospf 1
[R2-ospf-1]area 0
[R2-ospf-1-area-0.0.0.0]network 192.168.12.0 0.0.0.255
[R2-ospf-1-area-0.0.0.0]network 192.168.23.0 0.0.0.255
[R2-ospf-1-area-0.0.0.0]network 172.16.2.0 0.0.0.255
[R2-ospf-1-area-0.0.0.0]quit
```

(3) 配置路由器 R3：

```
<R3>system-view
[R3]ospf 1
[R3-ospf-1]area 0
[R3-ospf-1-area-0.0.0.0]network 192.168.13.0 0.0.0.255
[R3-ospf-1-area-0.0.0.0]network 192.168.23.0 0.0.0.255
[R3-ospf-1-area-0.0.0.0]network 172.16.3.0 0.0.0.255
[R3-ospf-1-area-0.0.0.0]quit
```

4.4.4 实验结果

(1) 使用命令 display ospf peer 查看邻居关系，在路由器 R1 中的邻居表如图 4.20 所示。

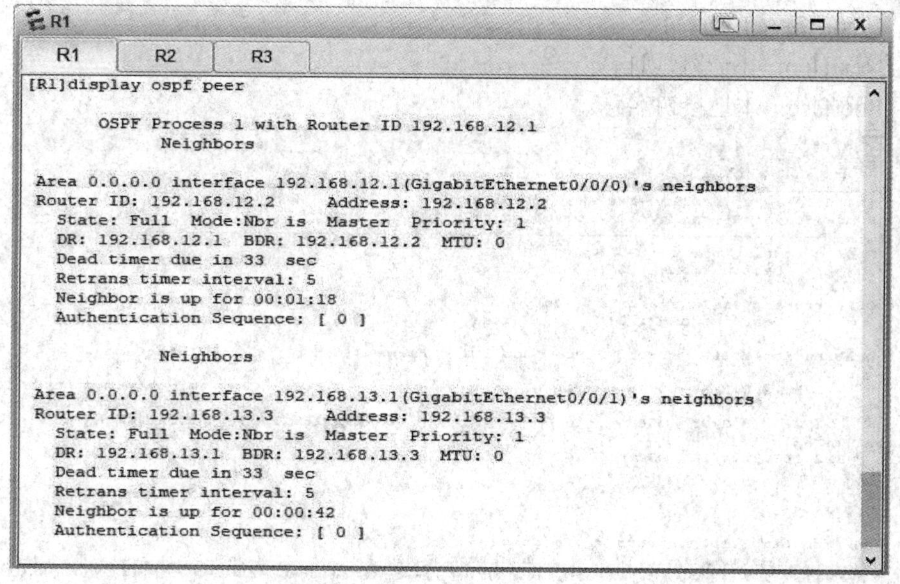

图 4.20　路由器 R1 的 OSPF 邻居表

在以上的输出中，包括以下内容：

- Router ID：邻居路由器的 Router ID；
- Address：邻居路由器接口的 IP 地址；
- State：邻居路由器的状态；
- Priority：邻居路由器的接口优先级；
- DR：指定路由器；
- BDR：备用指定路由器；
- Dead timer：路由器宣告邻居无效计时器。

(2) 查看 OSPF 路由表。

命令：

```
display ip routing-table protocol ospf
```

查看完整路由表命令：

```
display ip routing-table
```

路由器 R1 的 OSPF 路由表如图 4.21 所示。

在其输出中包括以下内容：

- Destination/Mask：目的网络及其掩码；
- Proto：路由协议类型；
- Pre：路由协议的优先级；

- Cost：链路开销；
- NextHop：下一跳地址；
- Interface：本地接口名称。

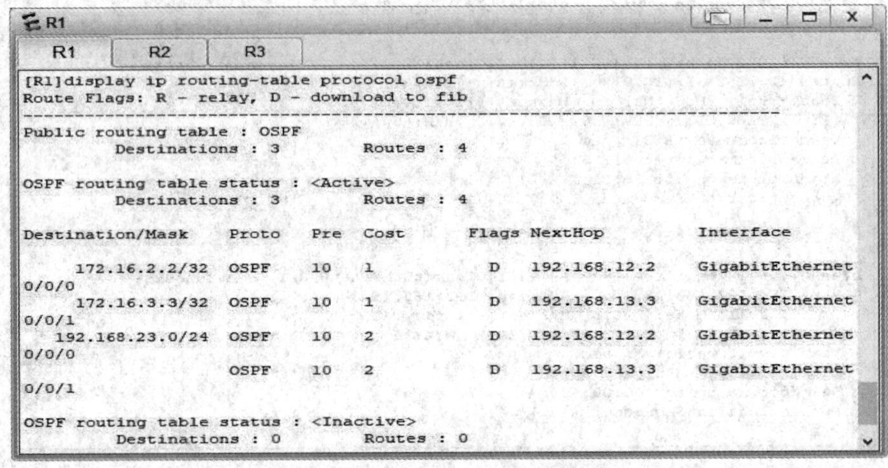

```
[R1]display ip routing-table protocol ospf
Route Flags: R - relay, D - download to fib
------------------------------------------------------------------------------
Public routing table : OSPF
         Destinations : 3        Routes : 4

OSPF routing table status : <Active>
         Destinations : 3        Routes : 4

Destination/Mask    Proto   Pre  Cost      Flags NextHop         Interface

     172.16.2.2/32  OSPF    10   1           D   192.168.12.2    GigabitEthernet
0/0/0
     172.16.3.3/32  OSPF    10   1           D   192.168.13.3    GigabitEthernet
0/0/1
   192.168.23.0/24  OSPF    10   2           D   192.168.12.2    GigabitEthernet
0/0/0
                    OSPF    10   2           D   192.168.13.3    GigabitEthernet
0/0/1

OSPF routing table status : <Inactive>
         Destinations : 0        Routes : 0
```

图 4.21　路由器 R1 的 OSPF 路由表

OSPF 路由协议的“Cost”是以到达目的网络的开销为度量的，是到达目的网络链路上所有开销的总和。因此，改变路由器接口的开销，就可以修改 OSPF 路由的开销。如图 4.22 所示，将 R1 的 GE 0/0/0 接口的开销修改为 1000 后，路由表发生了变化。

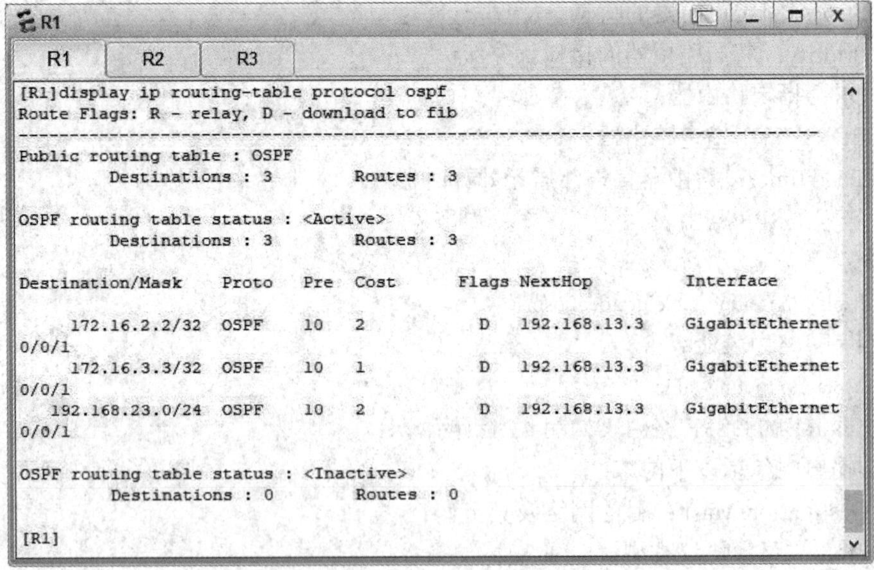

```
[R1]display ip routing-table protocol ospf
Route Flags: R - relay, D - download to fib
------------------------------------------------------------------------------
Public routing table : OSPF
         Destinations : 3        Routes : 3

OSPF routing table status : <Active>
         Destinations : 3        Routes : 3

Destination/Mask    Proto   Pre  Cost      Flags NextHop         Interface

     172.16.2.2/32  OSPF    10   2           D   192.168.13.3    GigabitEthernet
0/0/1
     172.16.3.3/32  OSPF    10   1           D   192.168.13.3    GigabitEthernet
0/0/1
   192.168.23.0/24  OSPF    10   2           D   192.168.13.3    GigabitEthernet
0/0/1

OSPF routing table status : <Inactive>
         Destinations : 0        Routes : 0

[R1]
```

图 4.22　修改了“Cost”之后路由器 R1 的 OSPF 路由表

命令：

ospf cost *value*

[R1]interface GigabitEthernet 0/0/0

[R1-GigabitEthernet0/0/0]ospf cost 1000

(3) 在 OSPF 中注入默认路由。

与 RIP 协议相同，当网络中存在默认路由时，可以将默认路由注入动态路由协议中进行更新，以简化配置。本实验在路由器 R1 上配置了一条默认路由，并注入 OSPF 协议进行更新。

命令：

default-route-advertise always

注入默认路由后，R3 的路由表如图 4.23 所示。

```
R3
R1    R2    R3

[R3]display ip routing-table protocol ospf
Route Flags: R - relay, D - download to fib
------------------------------------------------------------------------------
Public routing table : OSPF
         Destinations : 4        Routes : 4

OSPF routing table status : <Active>
         Destinations : 4        Routes : 4

Destination/Mask    Proto   Pre  Cost      Flags NextHop         Interface

        0.0.0.0/0   O_ASE   150  1           D   192.168.23.2    GigabitEthernet
0/0/0
     172.16.1.1/32  OSPF    10   1           D   192.168.13.1    GigabitEthernet
0/0/1
     172.16.2.2/32  OSPF    10   1           D   192.168.23.2    GigabitEthernet
0/0/0
   192.168.12.0/24  OSPF    10   2           D   192.168.23.2    GigabitEthernet
0/0/0

OSPF routing table status : <Inactive>
         Destinations : 0        Routes : 0
```

图 4.23　路由器 R3 传播默认路由的 OSPF 路由表

4.5　广播多路访问中的 OSPF 配置

OSPF 协议可以运行在三种拓扑结构中：广播型多路访问、点到点拓扑结构和非广播型多路访问。

广播型多路访问拓扑中，路由器处于同一广播域，在多路访问网络环境中，多台路由器互为邻居。如果它们之间都建立起邻接关系并相互交换链路状态信息，会造成网络关系复杂、开销巨大。为了避免发生这种情况，OSPF 要求每个广播域中选举出指定路由器

(Designated Router，DR)和备份指定路由器(Backup Designated Router，BDR)，广播域中的每台路由器都只与 DR 或 BDR 建立邻接关系和交换链路状态信息，因而大大减少了网络上的数据流量。

4.5.1　实验目的

(1) 掌握多路访问 OSPF 的特征；
(2) 掌握广播多路访问中 DR/BDR 的选举方法；
(3) 掌握 OSPF 网络类型的配置。

4.5.2　实验原理

在不同的网络类型中，OSPF 协议运行的方式有所不同。在多路访问网络中，运行 OSPF 路由协议的路由器首先交换信息，然后通过计算、比较来选举 DR 和 BDR。DR 和 BDR 的选举是以各个网络为基础的，即 DR 和 BDR 选举是一个路由器的接口特性，而不是整个路由器的特性。通常最先启动的路由器被选举成 DR，如果多个路由器同时启动或重新选举，则接口优先级最高的被选举为 DR。如果这两个因素都相同，则路由器 ID 最高的被选举为 DR。当 DR 失效时，BDR 担负起 DR 的责任，再重新选举 BDR。

4.5.3　实验步骤

(1) 创建网络拓扑图，连接和启动设备，如图 4.24 所示。

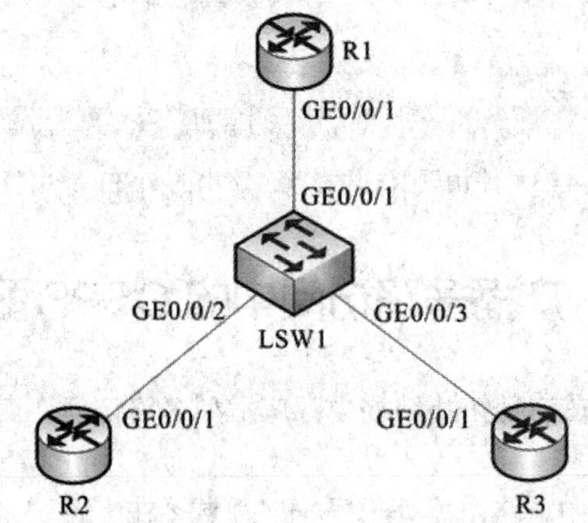

图 4.24　多路访问中的 OSPF

(2) 根据表 4.5 为路由器配置各接口地址。(略)

表 4.5　路由器的 IP 地址规划表

设备	接口	IP 地址	子网掩码
R1	GE0/0/1	192.168.100.1	255.255.255.0
	Loopback0	172.16.1.1	255.255.255.0
R2	GE0/0/1	192.168.100.2	255.255.255.0
	Loopback0	172.16.2.2	255.255.255.0
R3	GE0/0/1	192.168.100.3	255.255.255.0
	Loopback0	172.16.3.3	255.255.255.0

(3) 在路由器上配置 OSPF 路由协议。(略)

4.5.4　实验结果

1. 查看邻居表

R1 的邻居表如图 4.25 所示。从输出结果可以看出，R1 有两个邻居，其 Router ID 分别为 192.168.100.2 和 192.168.100.3。在两个邻居上，DR 为 192.168.100.2，BDR 为 192.168.100.1，OSPF 的状态均为 Full 状态。

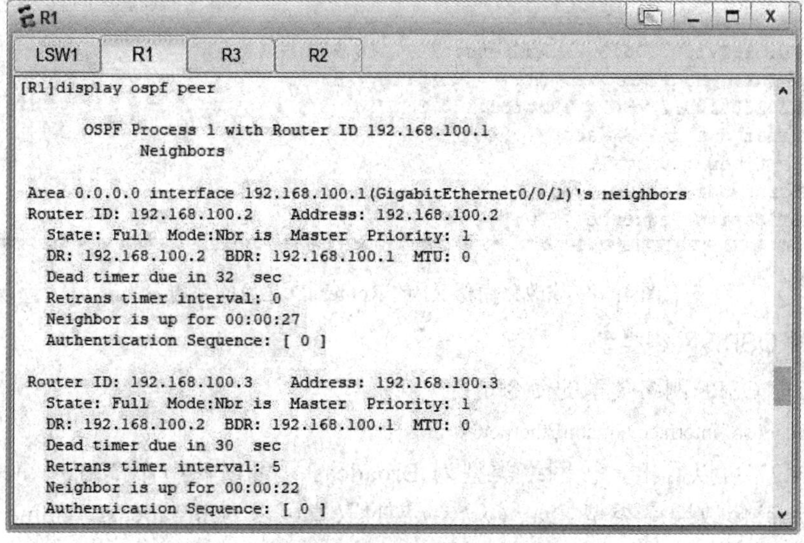

图 4.25　路由器 R1 的邻居表

2. 修改 OSPF 中路由器的 Router ID

```
<R1>system-view
[R1]router id 192.168.100.100
[R1]quit
<R1>reset ospf 1 process
Warning: The OSPF process will be reset. Continue? [Y/N]:y
```

修改完成后，重新启动 OSPF 进程，如图 4.26 所示，R1 的 Router ID 发生了变化。

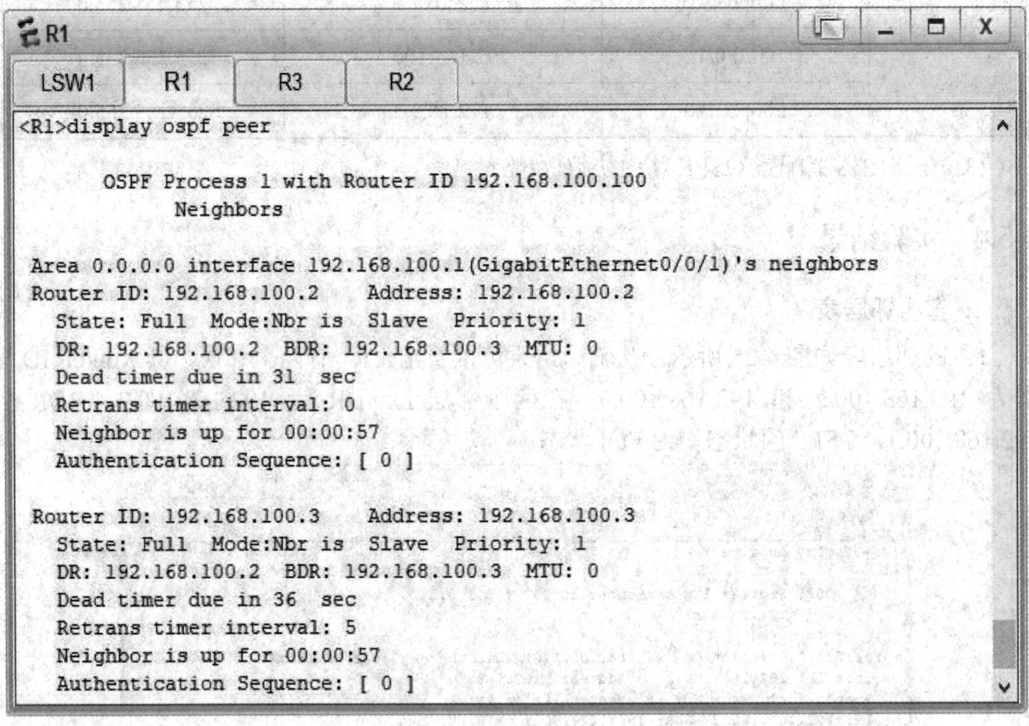

```
<R1>display ospf peer

      OSPF Process 1 with Router ID 192.168.100.100
              Neighbors

 Area 0.0.0.0 interface 192.168.100.1(GigabitEthernet0/0/1)'s neighbors
 Router ID: 192.168.100.2    Address: 192.168.100.2
   State: Full  Mode:Nbr is  Slave  Priority: 1
   DR: 192.168.100.2  BDR: 192.168.100.3  MTU: 0
   Dead timer due in 31  sec
   Retrans timer interval: 0
   Neighbor is up for 00:00:57
   Authentication Sequence: [ 0 ]

 Router ID: 192.168.100.3    Address: 192.168.100.3
   State: Full  Mode:Nbr is  Slave  Priority: 1
   DR: 192.168.100.2  BDR: 192.168.100.3  MTU: 0
   Dead timer due in 36  sec
   Retrans timer interval: 5
   Neighbor is up for 00:00:57
   Authentication Sequence: [ 0 ]
```

图 4.26　修改路由器 R1 的 Router ID 之后的邻居表

3. 修改 OSPF 网络类型

查看当前 OSPF 网络类型的命令是：

```
display ospf interface GigabitEthernet0/0/1
```

由图 4.27 可以看出，该网络类型为 Broadcast。可以使用命令 ospf network-type {*network-type*}修改网络类型。*network-type* 的取值可以为 broadcast、nbma、p2mp 和 p2p 等。

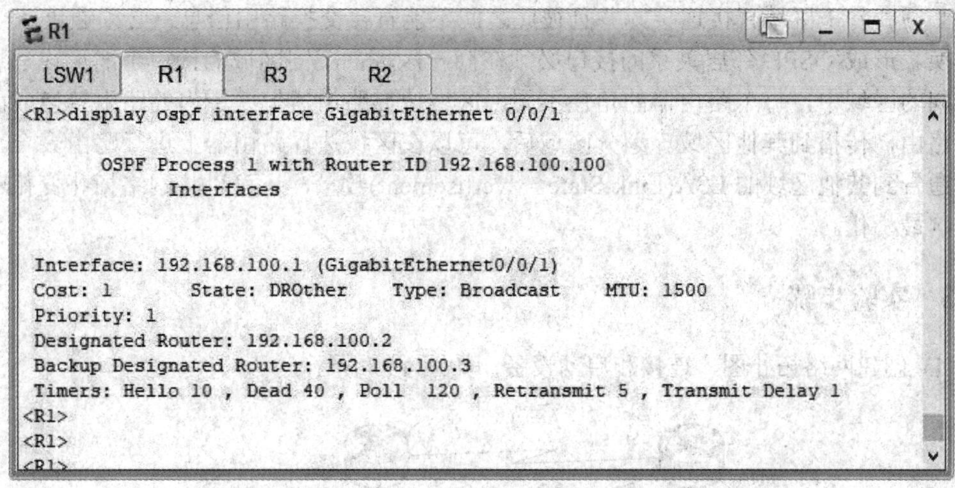

图 4.27　查看路由器 R1 的网络类型

4.6　多区域 OSPF 的配置

随着网络规模的日益扩大，路由器数量的增多会导致链路状态数据库 LSDB 占用大量存储空间，并使得运行路由选择算法的复杂度增加。同时，拓扑结构发生变化的概率也将增大，网络会经常处于“震荡”状态，造成网络中传递大量的 OSPF 协议报文，不但降低了网络的利用率，而且每次变化都会引起网络中所有的路由器重新计算路由。

为了解决这个问题，OSPF 协议将自治系统划分成不同的区域(Area)，从逻辑上将路由器划分为不同的组，每个组用区域号(Area ID)来标识。

4.6.1　实验目的

(1) 理解多区域 OSPF 的概念；

(2) 掌握多区域 OSPF 的配置命令；

(3) 理解 OSPF 中的 LSA 类型。

4.6.2　实验原理

OSPF 为了适应大型网络，可以分区域管理。它将一个大的自治系统划分为几个小的区域，每个区域负责各自区域内的邻接关系并共享相同的链路状态数据库，独立计算 OSPF 路由，链路状态数据库的同步只在区域内进行。OSPF 的骨干区域是 Area 0，其他区域必须和骨干区域直接连接，并且彼此之间不能直接交换路由信息，必须通过 Area 0 来交换。形成 OSPF 邻居关系的接口必须在同一区域，不同区域的接口不能形成邻居。在不同的区域中，每个路由器的角色不同。区域边界路由器把区域内的路由转换成区域间的路由，传播到其他区域。划分区域后，可以在区域边界路由器上进行路由聚合，以减少通告到其他区域的 LSA(Link-State Advertisement)数量，还可以将网络拓扑变化带来的影响最小化。

4.6.3 实验步骤

(1) 创建网络拓扑图，连接和启动设备，如图 4.28 所示。

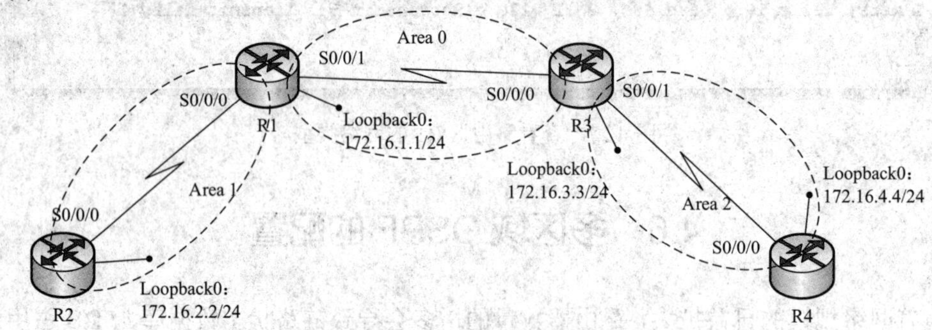

图 4.28　多区域 OSPF

(2) 根据表 4.6 为路由器配置各接口地址。(略)

表 4.6　路由器的 IP 地址规划表

设备	接口	IP 地址	子网掩码
R1	S0/0/0	12.1.1.1	255.255.255.0
	S0/0/1	13.1.1.1	255.255.255.0
	Loopback0	172.16.1.1	255.255.255.0
R2	S0/0/0	12.1.1.2	255.255.255.0
	Loopback0	172.16.2.2	255.255.255.0
R3	S0/0/0	13.1.1.3	255.255.255.0
	S0/0/1	34.1.1.3	255.255.255.0
	Loopback0	172.16.3.3	255.255.255.0
R4	S0/0/0	34.1.1.4	255.255.255.0
	Loopback0	172.16.4.4	255.255.255.0

(3) 在路由器上配置 OSPF 路由协议。

① 配置路由器 R1：

```
[R1]ospf 1
[R1-ospf-1]area 0
[R1-ospf-1-area-0.0.0.0]network 13.1.1.0 0.0.0.255
[R1-ospf-1-area-0.0.0.0]network 172.16.1.0 0.0.0.255
[R1-ospf-1-area-0.0.0.0]quit
[R1-ospf-1]area 1
[R1-ospf-1-area-0.0.0.1]network 12.1.1.0 0.0.0.255
```

② 配置路由器 R2：

```
[R2]ospf 1
[R2-ospf-1]area 1
[R2-ospf-1-area-0.0.0.1]network 172.16.2.0 0.0.0.255
[R2-ospf-1-area-0.0.0.1]network 12.1.1.0 0.0.0.255
```

③ 配置路由器 R3：

```
[R3]ospf 1
[R3-ospf-1]area 0
[R3-ospf-1-area-0.0.0.0]network 13.1.1.0 0.0.0.255
[R3-ospf-1-area-0.0.0.0]quit
[R3-ospf-1]area 2
[R3-ospf-1-area-0.0.0.2]network 34.1.1.0 0.0.0.255
[R3-ospf-1-area-0.0.0.2]network 172.16.3.0 0.0.0.255
```

④ 配置路由器 R4：

```
[R4]ospf 1
[R4-ospf-1]area 2
[R4-ospf-1-area-0.0.0.2]network 172.16.4.0 0.0.0.255
[R4-ospf-1-area-0.0.0.2]network 34.1.1.0 0.0.0.255
```

4.6.4 实验结果

(1) 查看各个路由器的路由表，如图 4.29～图 4.32 所示。

```
R1
R1  R2  R3  R4
<R1>display ip routing-table protocol ospf
Route Flags: R - relay, D - download to fib
------------------------------------------------------------------------------
Public routing table : OSPF
         Destinations : 4        Routes : 4

OSPF routing table status : <Active>
         Destinations : 4        Routes : 4

Destination/Mask    Proto   Pre  Cost      Flags NextHop         Interface

       34.1.1.0/24  OSPF    10   3124        D   13.1.1.3        Serial0/0/1
     172.16.2.2/32  OSPF    10   1562        D   12.1.1.2        Serial0/0/0
     172.16.3.3/32  OSPF    10   1562        D   13.1.1.3        Serial0/0/1
     172.16.4.4/32  OSPF    10   3124        D   13.1.1.3        Serial0/0/1

OSPF routing table status : <Inactive>
         Destinations : 0        Routes : 0
```

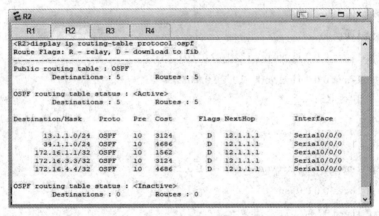

图 4.29　多区域 OSPF 中 R1 的路由表

```
R2
R1  R2  R3  R4
<R2>display ip routing-table protocol ospf
Route Flags: R - relay, D - download to fib
------------------------------------------------------------------------------
Public routing table : OSPF
         Destinations : 5        Routes : 5

OSPF routing table status : <Active>
         Destinations : 5        Routes : 5

Destination/Mask    Proto   Pre  Cost      Flags NextHop         Interface

       13.1.1.0/24  OSPF    10   3124        D   12.1.1.1        Serial0/0/0
       34.1.1.0/24  OSPF    10   4686        D   12.1.1.1        Serial0/0/0
     172.16.1.1/32  OSPF    10   1562        D   12.1.1.1        Serial0/0/0
     172.16.3.3/32  OSPF    10   3124        D   12.1.1.1        Serial0/0/0
     172.16.4.4/32  OSPF    10   4686        D   12.1.1.1        Serial0/0/0

OSPF routing table status : <Inactive>
         Destinations : 0        Routes : 0
```

图 4.30　多区域 OSPF 中 R2 的路由表

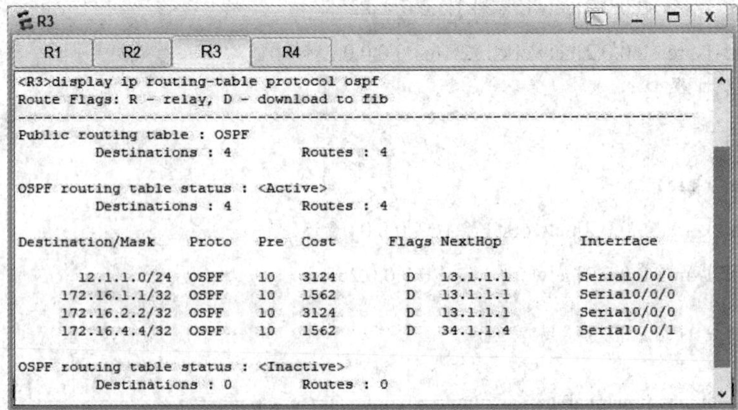

```
R3
R1  R2  R3  R4
<R3>display ip routing-table protocol ospf
Route Flags: R - relay, D - download to fib
------------------------------------------------------------------------------
Public routing table : OSPF
         Destinations : 4        Routes : 4

OSPF routing table status : <Active>
         Destinations : 4        Routes : 4

Destination/Mask    Proto   Pre  Cost      Flags NextHop         Interface

       12.1.1.0/24  OSPF    10   3124        D   13.1.1.1        Serial0/0/0
     172.16.1.1/32  OSPF    10   1562        D   13.1.1.1        Serial0/0/0
     172.16.2.2/32  OSPF    10   3124        D   13.1.1.1        Serial0/0/0
     172.16.4.4/32  OSPF    10   1562        D   34.1.1.4        Serial0/0/1

OSPF routing table status : <Inactive>
         Destinations : 0        Routes : 0
```

图 4.31　多区域 OSPF 中 R3 的路由表

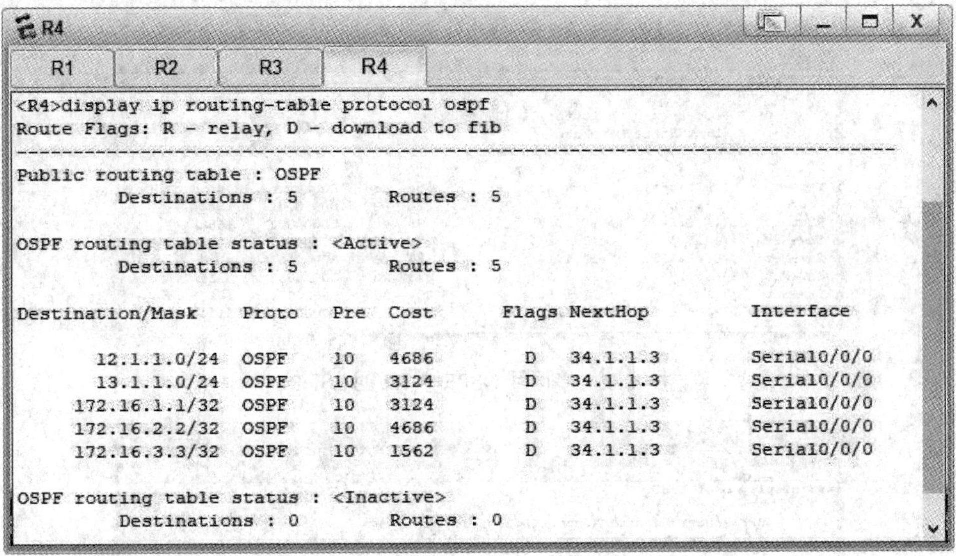

```
<R4>display ip routing-table protocol ospf
Route Flags: R - relay, D - download to fib
------------------------------------------------------------------------------
Public routing table : OSPF
         Destinations : 5        Routes : 5

OSPF routing table status : <Active>
         Destinations : 5        Routes : 5

Destination/Mask    Proto   Pre  Cost       Flags NextHop         Interface

       12.1.1.0/24  OSPF    10   4686         D   34.1.1.3        Serial0/0/0
       13.1.1.0/24  OSPF    10   3124         D   34.1.1.3        Serial0/0/0
     172.16.1.1/32  OSPF    10   3124         D   34.1.1.3        Serial0/0/0
     172.16.2.2/32  OSPF    10   4686         D   34.1.1.3        Serial0/0/0
     172.16.3.3/32  OSPF    10   1562         D   34.1.1.3        Serial0/0/0

OSPF routing table status : <Inactive>
         Destinations : 0        Routes : 0
```

图 4.32　多区域 OSPF 中 R4 的路由表

(2) 查看各个路由器的 OSPF 链路状态数据库 LSDB，如图 4.33～图 4.36 所示。

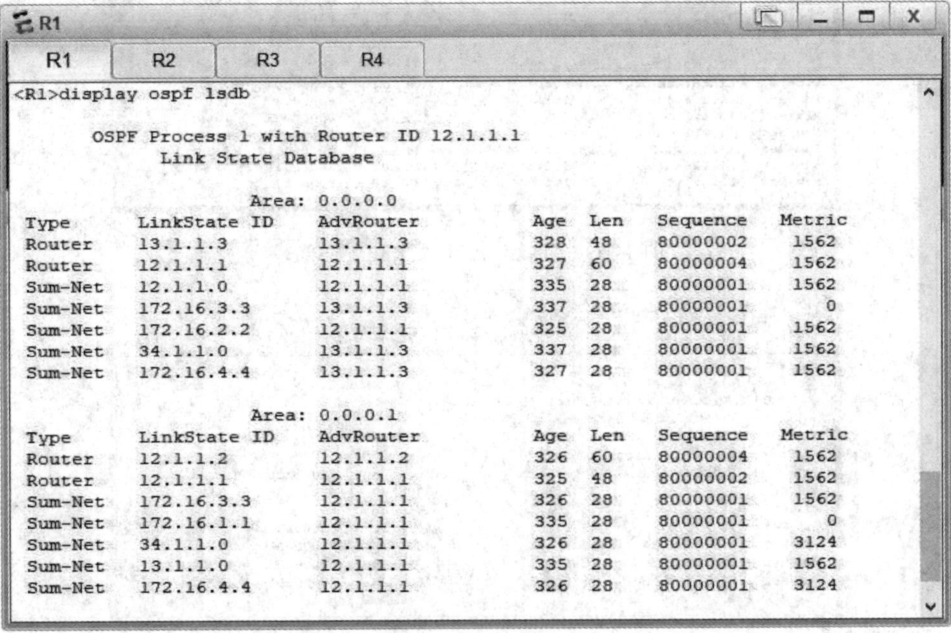

```
<R1>display ospf lsdb

       OSPF Process 1 with Router ID 12.1.1.1
             Link State Database

                    Area: 0.0.0.0
 Type       LinkState ID    AdvRouter          Age  Len   Sequence   Metric
 Router     13.1.1.3        13.1.1.3           328  48    80000002    1562
 Router     12.1.1.1        12.1.1.1           327  60    80000004    1562
 Sum-Net    12.1.1.0        12.1.1.1           335  28    80000001    1562
 Sum-Net    172.16.3.3      13.1.1.3           337  28    80000001       0
 Sum-Net    172.16.2.2      12.1.1.1           325  28    80000001    1562
 Sum-Net    34.1.1.0        13.1.1.3           337  28    80000001    1562
 Sum-Net    172.16.4.4      13.1.1.3           327  28    80000001    1562

                    Area: 0.0.0.1
 Type       LinkState ID    AdvRouter          Age  Len   Sequence   Metric
 Router     12.1.1.2        12.1.1.2           326  60    80000004    1562
 Router     12.1.1.1        12.1.1.1           325  48    80000002    1562
 Sum-Net    172.16.3.3      12.1.1.1           326  28    80000001    1562
 Sum-Net    172.16.1.1      12.1.1.1           335  28    80000001       0
 Sum-Net    34.1.1.0        12.1.1.1           326  28    80000001    3124
 Sum-Net    13.1.1.0        12.1.1.1           335  28    80000001    1562
 Sum-Net    172.16.4.4      12.1.1.1           326  28    80000001    3124
```

图 4.33　多区域 OSPF 中 R1 的 LSDB

```
<R2>display ospf lsdb

	 OSPF Process 1 with Router ID 12.1.1.2
		 Link State Database

		         Area: 0.0.0.1
 Type      LinkState ID    AdvRouter          Age  Len   Sequence   Metric
 Router    12.1.1.2        12.1.1.2           374  60    80000004     1562
 Router    12.1.1.1        12.1.1.1           375  48    80000002     1562
 Sum-Net   172.16.3.3      12.1.1.1           375  28    80000001     1562
 Sum-Net   172.16.1.1      12.1.1.1           384  28    80000001        0
 Sum-Net   34.1.1.0        12.1.1.1           375  28    80000001     3124
 Sum-Net   13.1.1.0        12.1.1.1           384  28    80000001     1562
 Sum-Net   172.16.4.4      12.1.1.1           375  28    80000001     3124
```

图 4.34　多区域 OSPF 中 R2 的 LSDB

```
<R3>display ospf lsdb

	 OSPF Process 1 with Router ID 13.1.1.3
		 Link State Database

		         Area: 0.0.0.0
 Type      LinkState ID    AdvRouter          Age  Len   Sequence   Metric
 Router    13.1.1.3        13.1.1.3           426  48    80000002     1562
 Router    12.1.1.1        12.1.1.1           427  60    80000004     1562
 Sum-Net   12.1.1.0        12.1.1.1           435  28    80000001     1562
 Sum-Net   172.16.3.3      13.1.1.3           435  28    80000001        0
 Sum-Net   172.16.2.2      12.1.1.1           425  28    80000001     1562
 Sum-Net   34.1.1.0        13.1.1.3           435  28    80000001     1562
 Sum-Net   172.16.4.4      13.1.1.3           425  28    80000001     1562

		         Area: 0.0.0.2
 Type      LinkState ID    AdvRouter          Age  Len   Sequence   Metric
 Router    34.1.1.4        34.1.1.4           427  60    80000004     1562
 Router    13.1.1.3        13.1.1.3           426  60    80000003     1562
 Sum-Net   12.1.1.0        13.1.1.3           425  28    80000001     3124
 Sum-Net   172.16.2.2      13.1.1.3           424  28    80000001     3124
 Sum-Net   172.16.1.1      13.1.1.3           425  28    80000001     1562
 Sum-Net   13.1.1.0        13.1.1.3           435  28    80000001     1562
```

图 4.35　多区域 OSPF 中 R3 的 LSDB

```
<R4>display ospf lsdb

	 OSPF Process 1 with Router ID 34.1.1.4
		 Link State Database

		         Area: 0.0.0.2
 Type      LinkState ID    AdvRouter          Age  Len   Sequence   Metric
 Router    34.1.1.4        34.1.1.4           470  60    80000004     1562
 Router    13.1.1.3        13.1.1.3           471  60    80000003     1562
 Sum-Net   12.1.1.0        13.1.1.3           471  28    80000001     3124
 Sum-Net   172.16.2.2      13.1.1.3           469  28    80000001     3124
 Sum-Net   172.16.1.1      13.1.1.3           471  28    80000001     1562
 Sum-Net   13.1.1.0        13.1.1.3           480  28    80000001     1562
```

图 4.36　多区域 OSPF 中 R4 的 LSDB

(3) 验证网络的连通性。

如图 4.37 所示，从 R4 的环回接口 ping 路由器 R1 的环回接口 172.16.1.1，结果表明可以互通。

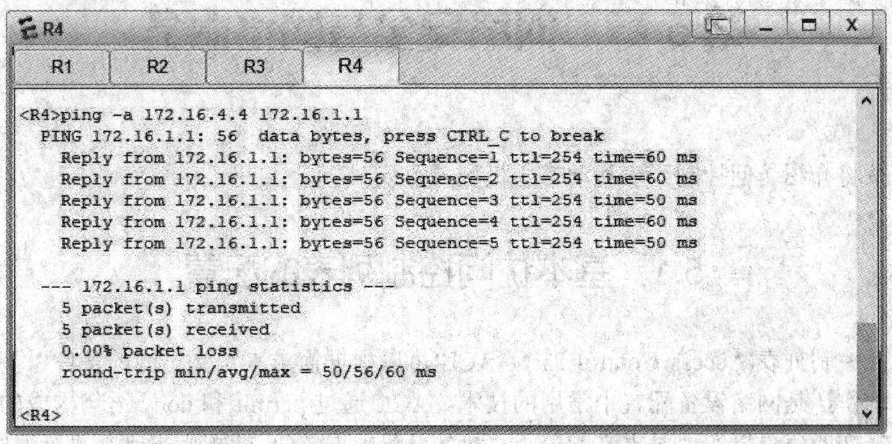

```
<R4>ping -a 172.16.4.4 172.16.1.1
  PING 172.16.1.1: 56  data bytes, press CTRL_C to break
    Reply from 172.16.1.1: bytes=56 Sequence=1 ttl=254 time=60 ms
    Reply from 172.16.1.1: bytes=56 Sequence=2 ttl=254 time=60 ms
    Reply from 172.16.1.1: bytes=56 Sequence=3 ttl=254 time=50 ms
    Reply from 172.16.1.1: bytes=56 Sequence=4 ttl=254 time=60 ms
    Reply from 172.16.1.1: bytes=56 Sequence=5 ttl=254 time=50 ms

  --- 172.16.1.1 ping statistics ---
    5 packet(s) transmitted
    5 packet(s) received
    0.00% packet loss
    round-trip min/avg/max = 50/56/60 ms

<R4>
```

图 4.37 从 R4 的环回接口 ping R1 的环回接口

第 5 章　网络安全与网络服务

本章将介绍访问控制列表和动态主机配置协议。

5.1　基本访问控制列表的配置

访问控制列表(Access Control List，ACL)可以根据需求来定义过滤的条件以及匹配后执行的动作，是网络设备配置中常用的技术。ACL 通过 permit 和 deny 语句构成的有序集合匹配报文的信息以实现对报文的分类，网络设备根据 ACL 的规则来判断执行哪些规则，实现对报文的过滤。

按照功能可将 ACL 分为基本 ACL、高级 ACL、二层 ACL、基于接口的 ACL 和自定义 ACL 等。其中基本 ACL 编号为 2000～2999，高级 ACL 编号为 3000～3999，这两种 ACL 最为常见。

5.1.1　实验目的

(1) 理解访问控制列表的原理；
(2) 掌握基本 ACL 的配置和应用；
(3) 理解 inbound 和 outbound 的区别。

5.1.2　实验原理

ACL 使用包过滤技术，在路由器上读取第三层和第四层包头中的信息，如源地址、目的地址、源端口、目的端口等。根据预先定义好的规则，对包进行过滤，从而达到访问控制的目的。

在一个 ACL 中可以有多条匹配语句，每条语句由匹配项和行为构成，行为即 permit 或者 deny。ACL 实质上是一系列带有自上而下逻辑顺序的判断语句。当数据到达路由器接口时，会按照 ACL 中 ID 由小到大的顺序将数据包与 ACL 中的每一条语句逐条对比，如果符合当前条件则直接进入控制策略，后面的语句将被忽略不再检查。如果路由器中的数据包与 ACL 中的语句都不匹配，默认会丢弃该数据包，思科 ACL 规则默认会有一条隐藏的 deny any any 规则，而华为 ACL 规则默认是 permit any any 规则。

每条 permit/deny 语句都描述一条规则，每条规则有一个 rule id。rule id 可以由用户进行配置，也可以由系统自动根据步长生成，默认步长为 5。rule id 默认按照先后顺序分配 0、5、10、15 等，匹配顺序按照 ACL 的 rule id 顺序，从小到大进行匹配。

基本 ACL 的语句是：

rule [*rule-id*] {permit | deny} source {*source-address source-wildcard* | any}

rule-id 表示此 ACL 语句下的某个规则号，permit 指定符合规则的数据包，deny 指定拒绝符合规则的数据包，*source-address* 是 ACL 匹配报文的源地址，*source-wildcard* 是反掩码，any 表示任意地址。

利用 permit 或 deny 定义 ACL 规则，然后将定义好的规则应用到指定的端口。对于路由器接口而言，ACL 有两个方向：

inbound——当路由器接收到数据包时，将检查访问列表中的条件语句是否匹配。如果数据包被允许，则继续处理；如果数据包被拒绝，则丢弃。

outbound——当路由器接收数据包并将其路由至出站接口后，将检查访问列表中的条件语句是否匹配。如果数据包被允许，则继续处理；如果数据包被拒绝，则丢弃。

图 5.1 所示有三个 LAN 通过路由器连接，要求利用基本 ACL 实现 LAN 1 可以访问 LAN 3，但是 LAN 2 不能访问 LAN 3。

5.1.3　实验步骤

(1) 创建网络拓扑图，连接和启动设备。

(2) 为路由器 AR1 的三个接口配置 IP 地址，分别为 192.168.1.254/24、192.168.2.254/24 和 192.168.3.254/24，它们分别是三个局域网的网关。

```
<Huawei>system-view
[Huawei]undo info-center enable
[Huawei]interface GigabitEthernet0/0/0
[Huawei-GigabitEthernet0/0/0]ip address 192.168.1.254 24
[Huawei-GigabitEthernet0/0/0]quit
[Huawei]interface GigabitEthernet0/0/1
[Huawei-GigabitEthernet0/0/1]ip address 192.168.2.254 24
[Huawei-GigabitEthernet0/0/1]quit
[Huawei]interface GigabitEthernet0/0/2
[Huawei-GigabitEthernet0/0/1]ip address 192.168.3.254 24
```

```
[Huawei-GigabitEthernet0/0/1]quit
```

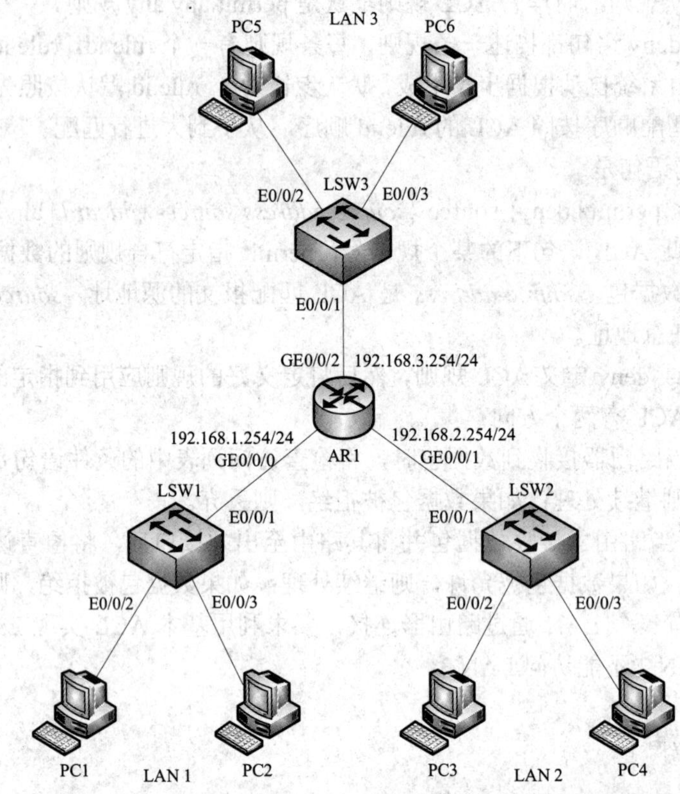

图 5.1　基本 ACL 的网络拓扑图

(3) 配置 PC。根据表 5.1 中的 IP 地址规划为三个局域网中的 PC 分别配置 IP 地址和网关，检查三个 LAN 之间的连通性。图 5.2 和图 5.3 表明三个 LAN 之间可以相互通信。

表 5.1　PC 的 IP 地址规划表

设备	IP 地址	子网掩码	网关
PC1	192.168.1.1	255.255.255.0	192.168.1.254
PC2	192.168.1.2	255.255.255.0	192.168.1.254
PC3	192.168.2.1	255.255.255.0	192.168.2.254
PC4	192.168.2.2	255.255.255.0	192.168.2.254
PC5	192.168.3.1	255.255.255.0	192.168.3.254
PC6	192.168.3.2	255.255.255.0	192.168.3.254

PC1

基础配置　命令行　组播　UDP发包工具　串口

```
PC>ping 192.168.2.1

Ping 192.168.2.1: 32 data bytes, Press Ctrl_C to break
From 192.168.2.1: bytes=32 seq=1 ttl=127 time=63 ms
From 192.168.2.1: bytes=32 seq=2 ttl=127 time=78 ms
From 192.168.2.1: bytes=32 seq=3 ttl=127 time=47 ms
From 192.168.2.1: bytes=32 seq=4 ttl=127 time=78 ms
From 192.168.2.1: bytes=32 seq=5 ttl=127 time=63 ms

--- 192.168.2.1 ping statistics ---
  5 packet(s) transmitted
  5 packet(s) received
  0.00% packet loss
  round-trip min/avg/max = 47/65/78 ms

PC>ping 192.168.3.1

Ping 192.168.3.1: 32 data bytes, Press Ctrl_C to break
From 192.168.3.1: bytes=32 seq=1 ttl=127 time=47 ms
From 192.168.3.1: bytes=32 seq=2 ttl=127 time=78 ms
From 192.168.3.1: bytes=32 seq=3 ttl=127 time=78 ms
From 192.168.3.1: bytes=32 seq=4 ttl=127 time=78 ms
From 192.168.3.1: bytes=32 seq=5 ttl=127 time=78 ms

--- 192.168.3.1 ping statistics ---
  5 packet(s) transmitted
  5 packet(s) received
  0.00% packet loss
  round-trip min/avg/max = 47/71/78 ms
```

图 5.2　LAN 1 与 LAN 2 和 LAN 3 的 PC 通信

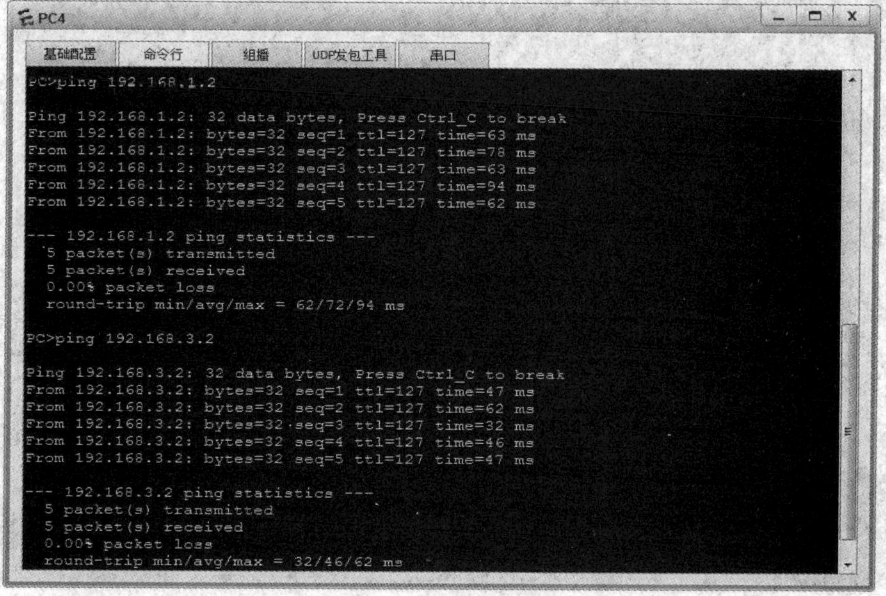

图 5.3　LAN 2 与 LAN 1 和 LAN 3 的 PC 通信

(4) 定义基本 ACL，并将定义好的规则应用到端口上。这里的 inbound/outbound 都是对路由器而言的，即 inbound 是指流向路由器方向的流量，outbound 是路由器发往外部的流量。

```
[Huawei]acl 2000
[Huawei-acl-basic-2000]rule deny source 192.168.2.0 0.0.0.255
[Huawei-acl-basic-2000]quit
[Huawei]interface GigabitEthernet0/0/2
[Huawei-GigabitEthernet0/0/2]traffic-filter outbound acl 2000
```

5.1.4 实验结果

检查 LAN 1、LAN 2 和 LAN 3 之间的连通性，验证 LAN 1 可以访问 LAN 3，LAN 2 不能访问 LAN 3，如图 5.4 和图 5.5 所示。

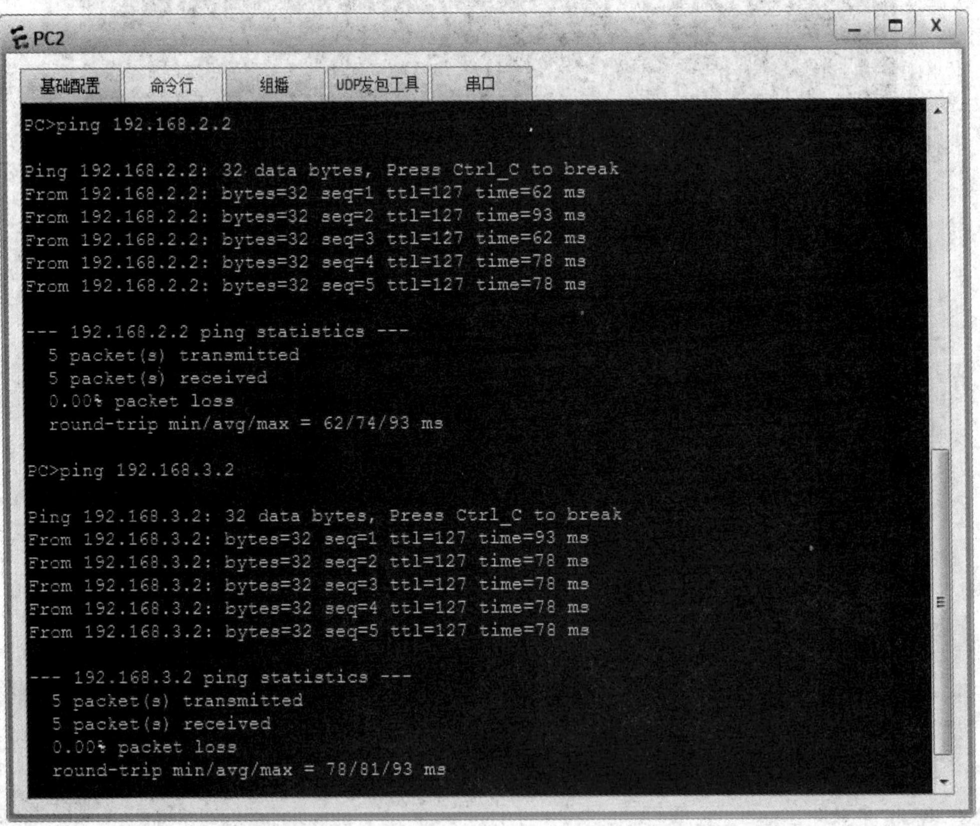

图 5.4　LAN 1 的 PC2 与 LAN 2 的 PC4 和 LAN 3 的 PC6 均可互通

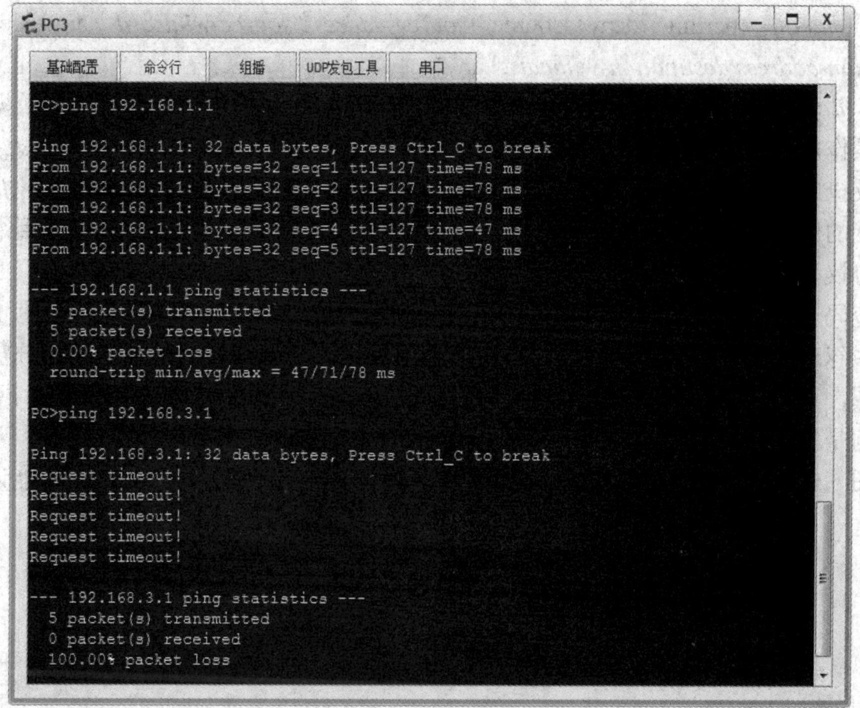

图 5.5　LAN 2 的 PC3 与 LAN 1 的 PC1 互通但不能访问 LAN 3 的 PC5

5.2　高级访问控制列表的配置

高级 ACL 也称为扩展 ACL，编号为 3000～3999。与基本 ACL 只检查数据包的源地址不同，高级 ACL 既检查数据包的源地址，也检查数据包的目的地址，同时还可以检查数据包的特定协议类型、端口号等，数据匹配更加精确。

5.2.1　实验目的

(1) 掌握高级 ACL 的配置；

(2) 理解基本 ACL 和高级 ACL 的区别；

(3) 掌握高级 ACL 的灵活应用。

5.2.2　实验原理

高级 ACL 的语句是：

rule [*rule-id*] {permit | deny} source {*source-address source-wildcard* | any} destination {*destination-address destination-wildcard* | any}

rule-id 表示此 ACL 语句下的某个规则号，permit/deny 指定对符合规则的数据包所要采取的操作是允许/拒绝，*source-address* 是 ACL 匹配报文的源地址，*source-wildcard* 是源地址的反掩码，*destination-address* 表示 ACL 匹配报文的目的地址，*destination-wildcard* 是目的地址的反掩码，any 表示任意地址。如果使用 TCP 或 UDP 协议，可以采用端口号或具体的协议名称。

反掩码通过标记 0 和 1 告诉设备应该匹配到哪一位。在反掩码中，相应位为 1 的地址在比较中忽略，为 0 的必须被检查。路由器使用反掩码与源或目的地址一起来分辨匹配的地址范围，它与子网掩码不同。子网掩码告诉路由器某 IP 地址是属于哪个子网(网段)，而反掩码则是告诉路由器为了判断出匹配，它需要检查 IP 地址中的多少位。

如图 5.6 所示的拓扑图，要求 Client1 可以访问 Web 服务器，但 Client2 不能访问。

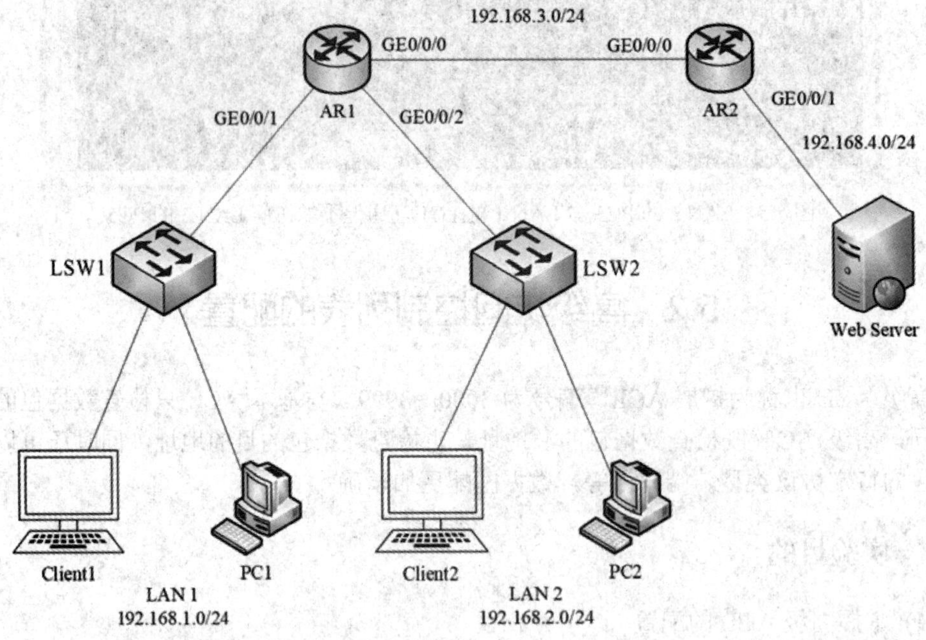

图 5.6　高级 ACL 的网络拓扑图

5.2.3　实验步骤

(1) 创建网络拓扑图，连接和启动设备。

(2) 为路由器 AR1 和 AR2 的端口配置 IP 地址和子网掩码，如表 5.2 所示。

表 5.2　路由器的地址规划表

设备	端口	IP 地址	子网掩码
AR1	GE0/0/0	192.168.3.1	255.255.255.0
	GE0/0/1	192.168.1.254	255.255.255.0
	GE0/0/2	192.168.2.254	255.255.255.0
AR2	GE0/0/0	192.168.3.2	255.255.255.0
	GE0/0/1	192.168.4.254	255.255.255.0

① 路由器 AR1 的配置：

```
<Huawei>system-view
[Huawei]undo info-center enable
[Huawei]interface GigabitEthernet0/0/0
[Huawei-GigabitEthernet0/0/0]ip address 192.168.3.1 24
[Huawei-GigabitEthernet0/0/0]quit
[Huawei]interface GigabitEthernet0/0/1
[Huawei-GigabitEthernet0/0/1]ip address 192.168.1.254 24
[Huawei-GigabitEthernet0/0/1]quit
[Huawei]interface GigabitEthernet0/0/2
[Huawei-GigabitEthernet0/0/1]ip address 192.168.2.254 24
[Huawei-GigabitEthernet0/0/1]quit
```

② 路由器 AR2 的配置：

```
<Huawei>system-view
[Huawei]undo info-center enable
[Huawei]interface GigabitEthernet0/0/0
[Huawei-GigabitEthernet0/0/0]ip address 192.168.3.2 24
[Huawei-GigabitEthernet0/0/0]quit
[Huawei]interface GigabitEthernet0/0/1
[Huawei-GigabitEthernet0/0/1]ip address 192.168.4.254 24
[Huawei-GigabitEthernet0/0/1]quit
```

(3) 配置静态路由。

① 路由器 AR1 的配置：

```
[Huawei]ip route-static 192.168.4.0 24 192.168.3.2
```

② 路由器 AR2 的配置：

```
[Huawei]ip route-static 192.168.1.0 24 192.168.3.1
```

```
[Huawei]ip route-static 192.168.2.0 24 192.168.3.1
```

(4) 配置终端和 Web 服务器。

根据表 5.3 配置好终端和 Web Server 的 IP 地址及网关之后，启动 Web Server 并双击打开，在“服务器信息”窗口，选择“HttpServer”并选择配置文件根目录，然后点击“启动”。

表 5.3　终端和 Web 服务器的配置

设备	IP 地址	子网掩码	网关
Client1	192.168.1.1	255.255.255.0	192.168.1.254
PC1	192.168.1.2	255.255.255.0	192.168.1.254
Client2	192.168.2.1	255.255.255.0	192.168.2.254
PC2	192.168.2.2	255.255.255.0	192.168.2.254
Web Server	192.168.4.1	255.255.255.0	192.168.4.254

(5) 双击打开 Client1 和 Client 2，在其“客户端信息”中选择“HttpClient”，然后在地址栏中输入 http://192.168.4.1，点击“获取”，测试 Client1、Client2 与 Web Server 的连通性。由图 5.7 和图 5.8 可以看出，Client1 和 Client2 都能与 Web Server 通信。

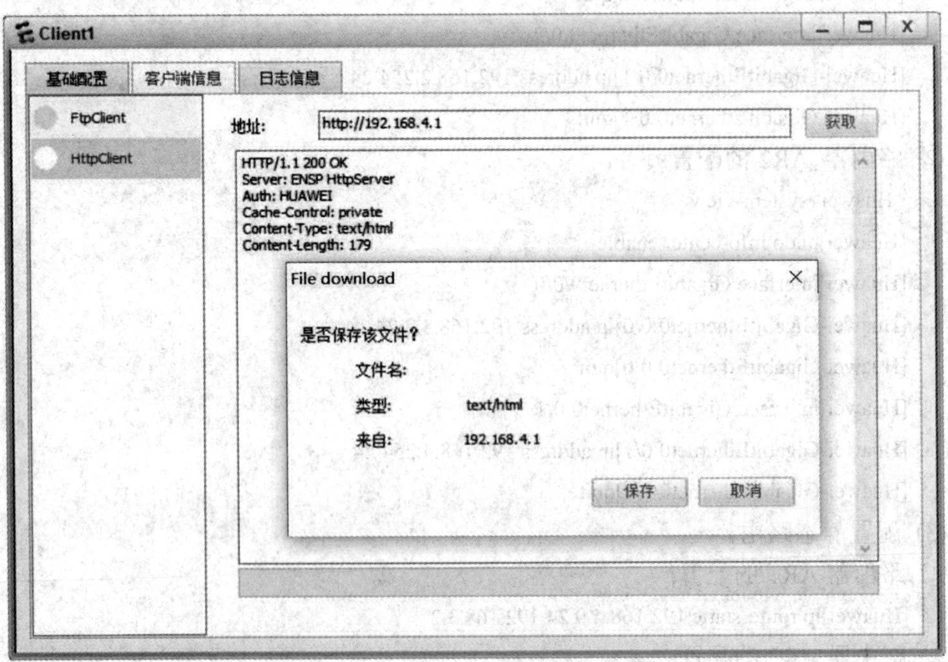

图 5.7　Client1 与 Web Server 通信

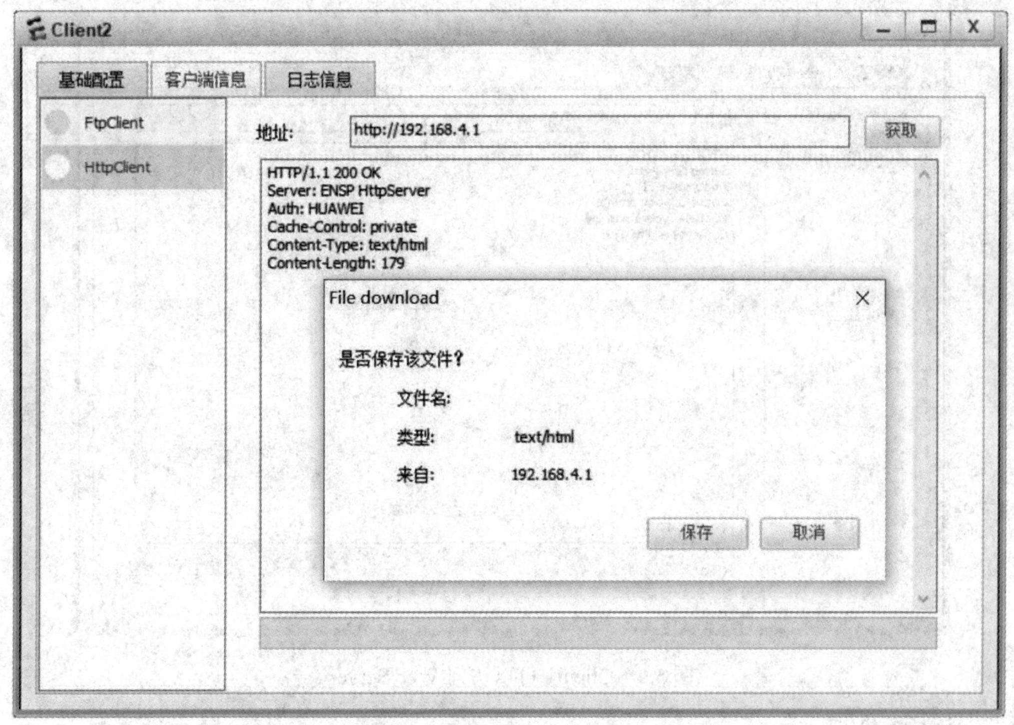

图 5.8　Client2 与 Web Server 通信

(6) 在路由器 AR2 上定义高级 ACL，并将定义好的规则应用到端口上。限制 Client2 访问 Web Server，目的端口号为 80 或 www。

```
[Huawei]acl 3000
[Huawei-acl-adv-3000]rule 5 deny tcp source 192.168.2.0 0.0.0.255 destination 192.168.4.0 0.0.0.255
destination-port eq 80
[Huawei-acl-adv-3000]quit
[Huawei]interface GigabitEthernet0/0/1
[Huawei-GigabitEthernet0/0/1]traffic-filter outbound acl 3000
```

5.2.4　实验结果

在定义了高级 ACL 之后，检查 Client1、Client2 与 Web Server 的连通性。由图 5.9 和图 5.10 可知，Client1 仍然可以访问 Web Server，而 Client2 不能访问。

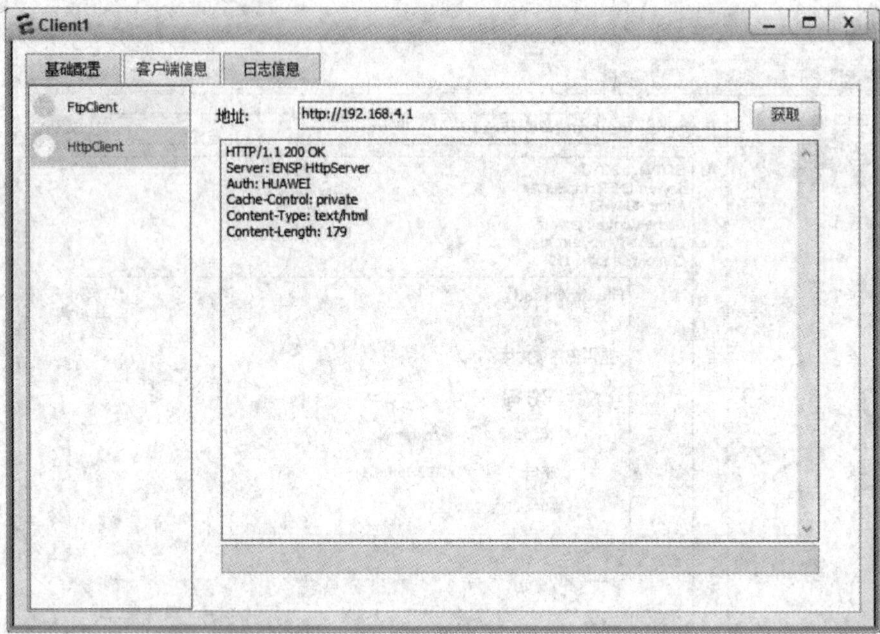

图 5.9　Client1 可以访问 Web Server

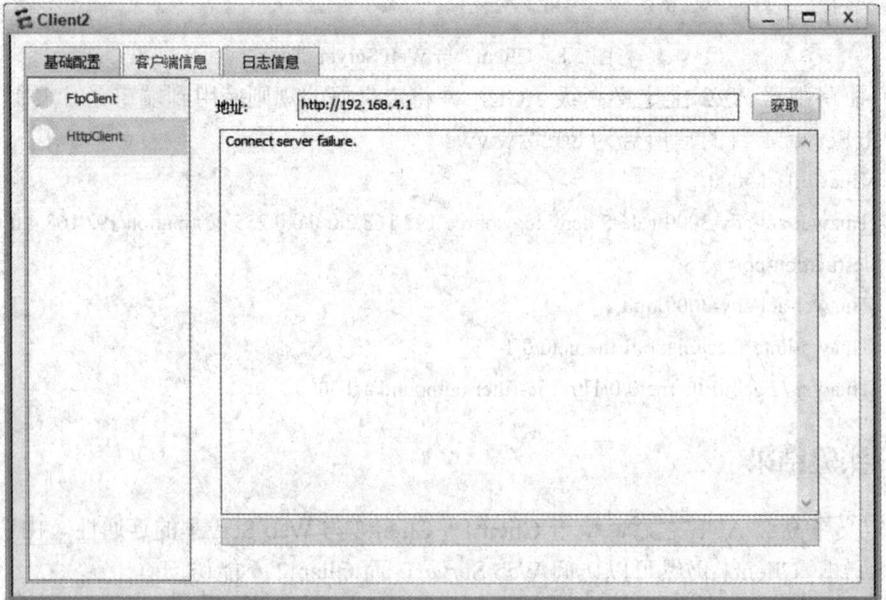

图 5.10　Client2 不能访问 Web Server

5.3 DHCP 服务器的基本配置

动态主机配置协议(Dynamic Host Configuration Protocol)是应用层的协议，可以自动为网络内的主机配置 IP 地址、子网掩码、网关、DNS 等参数，是一种动态 IP 地址的分配方式。DHCP 服务器能够简化网络管理员的工作，并能充分利用有限的 IP 地址资源。这些被分配的 IP 地址都在 DHCP 服务器预先保留的一个由多个地址构成的地址池中，构成地址池的地址一般是连续的。

DHCP 是一个基于广播的协议，它的操作可以分为 IP 租用请求、IP 租用提供、IP 租用选择和 IP 租用确认四个阶段。

(1) IP 租用请求：如果客户端设置为自动获取 IP 地址，在它开机时就会检查自己当前是否租用了一个 IP 地址，如果没有则向 DCHP 服务器请求租用。由于客户端此时没有 IP 地址，也不知道 DHCP 服务器的地址，所以会使用 0.0.0.0 作为源地址，255.255.255.255 作为目的地址广播 DHCP DISCOVER 消息，消息中包含客户端的 MAC 地址以及它的 NetBIOS 名字。

(2) IP 租用提供：当 DHCP 服务器接收到一个来自客户端的 IP 租用请求时，它会根据自己的作用域地址池为该客户保留一个 IP 地址并且在网络上广播消息，该消息包含客户端的 MAC 地址、服务器所能提供的 IP 地址、子网掩码、租用期限，以及提供该租用的 DHCP 服务器本身的 IP 地址。

(3) IP 租用选择：如果子网还存在其他 DHCP 服务器，客户机在接受了某个 DHCP 服务器的 DHCP OFFER 消息后，它会广播一条包含租用服务器 IP 地址的 DHCP REQUEST 消息，在该子网中通告所有其他 DHCP 服务器它已经接收了一个地址，其他 DHCP 服务器在接收到这条消息后，就会撤销为该客户提供的租用，并把为该客户分配的租用地址返回到地址池中，该地址将可以重新作为一个有效地址提供给别的计算机使用。

(4) IP 租用确认：DHCP 服务器接收到来自客户端的 DHCP REQUEST 消息之后，将会发送一个 DHCP ACK 给客户端，DHCP ACK 包括租用期限和客户端所请求的所有其他配置信息，至此完成 TCP/IP 的配置。

5.3.1 实验目的

(1) 了解 TCP/IP 网络中 IP 地址的分配和管理方式；
(2) 熟悉 DHCP 的工作原理和 DHCP 中 IP 地址的租用方式；
(3) 掌握在交换机上配置 DHCP 的方法。

5.3.2 实验原理

在如图 5.11 所示的拓扑图中，交换机 LSW1 作为 DHCP 服务器，负责客户端 IP 地址的分配，客户端向服务器发送配置申请报文，服务器根据策略返回携带相应配置信息的报文，请求报文和响应报文都采用 UDP 进行封装。

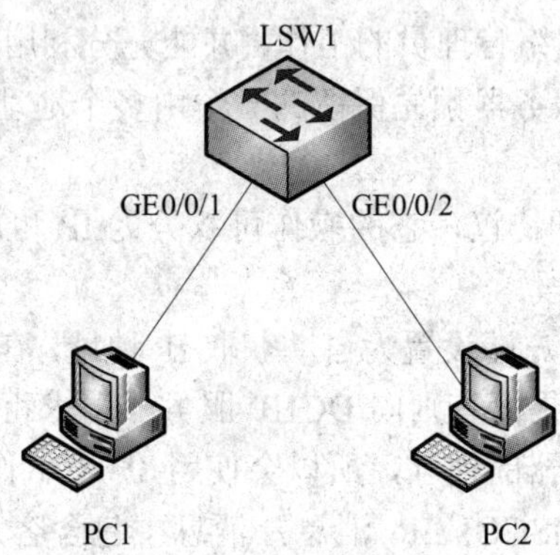

图 5.11　DHCP 服务器拓扑图

5.3.3 实验步骤

(1) 创建网络拓扑图，连接和启动设备。

(2) 交换机 LSW1 作为 DHCP 服务器，其地址池地址是 192.168.1.0/24，配置如下：

```
<Huawei>system-view
[Huawei]undo info-center enable
[Huawei]dhcp enable
[Huawei]ip pool DHCPPool
[Huawei-ip-pool-dhcppool]network 192.168.1.0 mask 24
[Huawei-ip-pool-dhcppool]gateway-list 192.168.1.254
[Huawei-ip-pool-dhcppool]lease day 5
[Huawei-ip-pool-dhcppool]dns-list 8.8.8.8
[Huawei-ip-pool-dhcppool]quit
```

关键命令说明如下：

dhcp enable：开启 DHCP 功能；

ip pool IP-pool-name：建立名字为 IP-pool-name 的全局地址池；

network network-*address* mask subnet-mask：配置地址池的网络地址和子网掩码；

gateway-list：客户端网关；

lease day：租期；

dns-list：DNS 服务器地址。

(3) 为交换机 LSW1 创建 VLAN，并配置虚拟接口地址及子网掩码：

```
[Huawei]vlan 10
[Huawei-vlan10]interface GigabitEtherne0/0/1
[Huawei-GigabitEthernet0/0/1]port link-type access
[Huawei-GigabitEthernet0/0/1]port default vlan 10
[Huawei-GigabitEthernet0/0/1]quit
[Huawei-vlan10]interface GigabitEtherne0/0/2
[Huawei-GigabitEthernet0/0/2]port link-type access
[Huawei-GigabitEthernet0/0/2]port default vlan 10
[Huawei-GigabitEthernet0/0/2]quit
[Huawei]int vlanif 10
[Huawei-Vlanif10]ip address 192.168.1.254 24
[Huawei-Vlanif10]dhcp select global
[Huawei-Vlanif10]quit
```

关键命令说明如下：

dhcp select global：配置接口工作在全局地址池模式。

(4) 如图 5.12 所示，将 PC1 和 PC2 配置成 DHCP 模式。

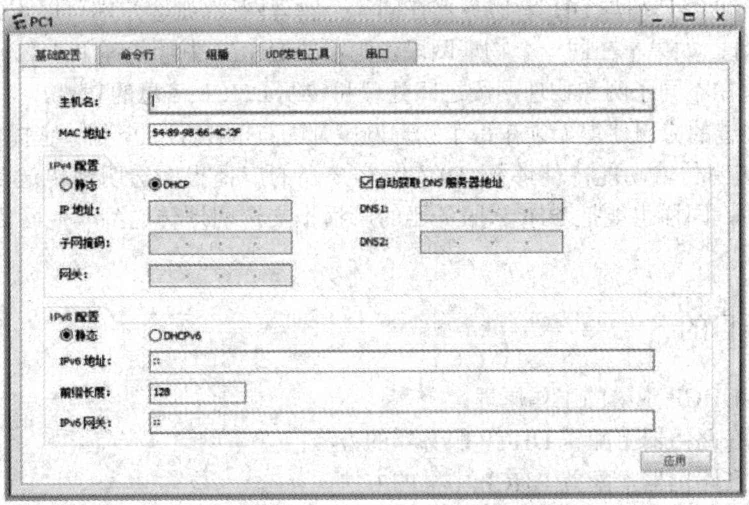

图 5.12　将 PC 配置为 DHCP 模式

5.3.4　实验结果

在 PC1 的命令行界面执行 ipconfig，由图 5.13 可以看出 PC1 已经获取到了 IP 地址 192.168.1.253。

图 5.13　PC1 的 IP 配置信息

5.4　DHCP 中继的配置

如果 DHCP 客户端与 DHCP 服务器在同一个物理网段，则客户端可以正确地获得动态分配的 IP 地址。如果不在同一个物理网段，则需要 DHCP 中继代理(Relay Agent)。DHCP 中继可以实现在不同子网和物理网段之间处理和转发 DHCP 信息的功能。

DHCP 中继的应用使得无须在每个物理网段都配置 DHCP 服务器，它提供了对 DHCP 广播报文的透明传输功能，能够把 DHCP 客户端的广播报文透明地传送到其他网段的 DHCP 服务器，同样也能把 DHCP 服务器的广播报文透明地传送到其他网段的 DHCP 客户端。

5.4.1　实验目的

(1) 熟悉 DHCP 中继的工作原理；
(2) 掌握在路由器上配置 DHCP 服务器的方法；
(3) 掌握在路由器上配置 DHCP 中继的方法。

5.4.2　实验原理

如图 5.14 所示创建网络拓扑，其中 AR1 是 DHCP 服务器(DHCP Server)，AR2 是 DHCP 中继。当 DHCP 客户端启动并进行初始化时，它会在本地网络广播配置请求报文。如果本地网络存在 DHCP 服务器，则可以直接进行 DHCP 配置，不需要 DHCP 中继。如果本地网络没有 DHCP 服务器，与本地网络相连的 DHCP 中继收到该广播报文后，修改 DHCP 消息中的相应字段，把 DHCP 的广播报文改成单播报文，并负责在服务器与客户机之间转换。DHCP 服务器根据 DHCP 代理提供的信息进行相应的配置，并通过 DHCP 代理将配置信息发送给客户端，完成对客户端的动态配置。

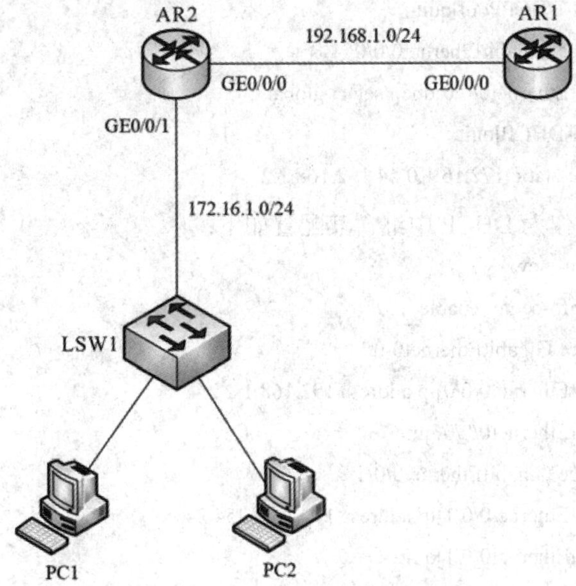

图 5.14　DHCP 中继拓扑图

5.4.3　实验步骤

(1) 创建网络拓扑图，连接和启动设备。

(2) 路由器 AR1 作为 DHCP 服务器，其地址池地址是 192.16.1.0/24。命令 excluded-ip-address 表示地址池中不参与自动分配的 IP 地址，配置如下：

```
<Huawei>system-view
[Huawei]undo info-center enable
[Huawei]interface GigabitEthernet0/0/0
```

```
[Huawei-GigabitEthernet0/0/0]ip address 192.168.1.1 24
[Huawei-GigabitEthernet0/0/0]quit
[Huawei]dhcp enable
[Huawei]ip pool DHCPPool
[Huawei-ip-pool-DHCPPool]network 172.16.1.0 mask 255.255.255.0
[Huawei-ip-pool-DHCPPool]gateway-list 172.16.1.254
[Huawei-ip-pool-DHCPPool]excluded-ip-address 172.16.1.1
[Huawei-ip-pool-DHCPPool]lease day 7
[Huawei-ip-pool-DHCPPool]dns-list 8.8.8.8
[Huawei-ip-pool-DHCPPool]quit
[Huawei]interface GigabitEthernet0/0/0
[Huawei-GigabitEthernet0/0/0]dhcp select global
[Huawei-ip-pool-DHCP]quit
[Huawei]ip route-static 172.16.1.0 24 192.168.1.2
```

(3) 路由器 AR2 作为 DHCP 中继，其配置如下：

```
<Huawei>system-view
[Huawei]undo info-center enable
[Huawei]interface GigabitEthernet0/0/0
[Huawei-GigabitEthernet0/0/0]ip address 192.168.1.2 24
[Huawei-GigabitEthernet0/0/0]quit
[Huawei]interface GigabitEthernet0/0/1
[Huawei-GigabitEthernet0/0/1]ip address 172.16.1.254 24
[Huawei-GigabitEthernet0/0/1]quit
[Huawei]dhcp enable
[Huawei]dhcp server group DHCPGroup
[Huawei-dhcp-server-group-dhcpgroup]dhcp-server 192.168.1.1
[Huawei-dhcp-server-group-dhcpgroup]quit
[Huawei]interface GigabitEthernet0/0/1
[Huawei-GigabitEthernet0/0/1]dhcp select relay
[Huawei-GigabitEthernet0/0/1]dhcp relay server-select DHCPGroup
```

关键命令说明如下：

dhcp server group *group-name*：创建组名为 *group-name* 的 DHCP 服务器组。

dhcp-server：在 DHCP 服务器组视图下，向 DHCP 服务器组中添加 DHCP 服务器地址。

dhcp select relay：在接口视图执行，启动本接口的 DHCP 中继功能。

dhcp relay server-select *group-name*：指定接口对应的 DHCP 服务器组。

5.4.4　实验结果

(1) 将 PC1、PC2 的 IPv4 配置设置为 DHCP，在命令行中运行命令 ipconfig 查看有关配置信息。如图 5.15 所示，在 PC1 中运行命令 ipconfig 查看 DHCP 服务器自动分配的 IP 地址，运行 ipconfig /release 释放现有的 IP 地址配置信息，再运行 ipconfig /renew，向 DHCP 服务器发出重新租用一个 IP 地址的请求。

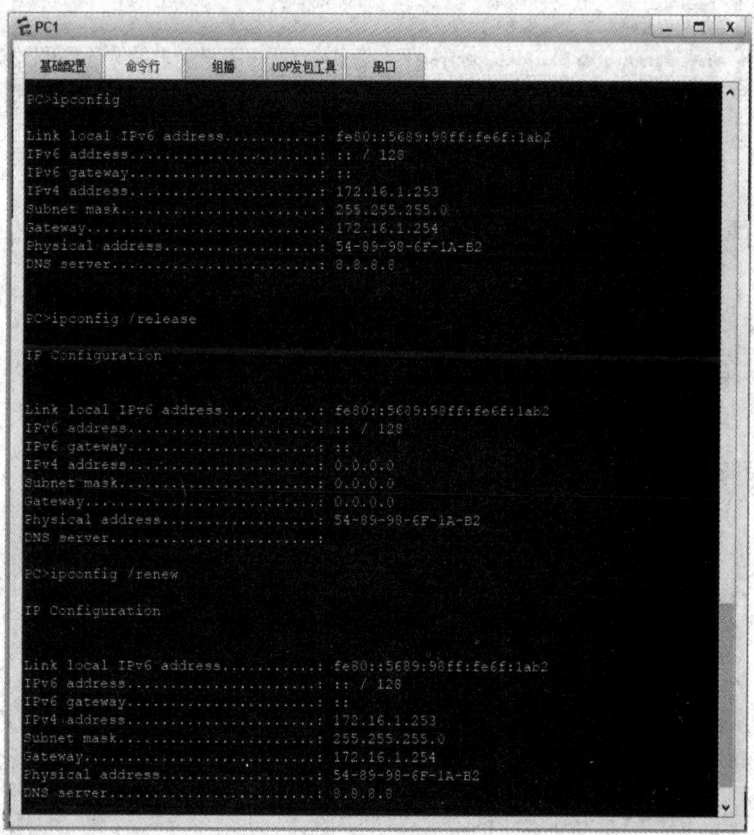

图 5.15　PC1 的 IP 地址配置信息

(2) 使用命令 display dhcp server statistics 查看 DHCP 服务器的统计信息，使用 display ip pool name DHCPPool 查看已经配置的全局地址池信息，如图 5.16 所示。图 5.17 是使用命令 display dhcp relay statistics 查看 DHCP 中继的统计信息和使用 display dhcp relay all 查看 DHCP 中继的详细信息。

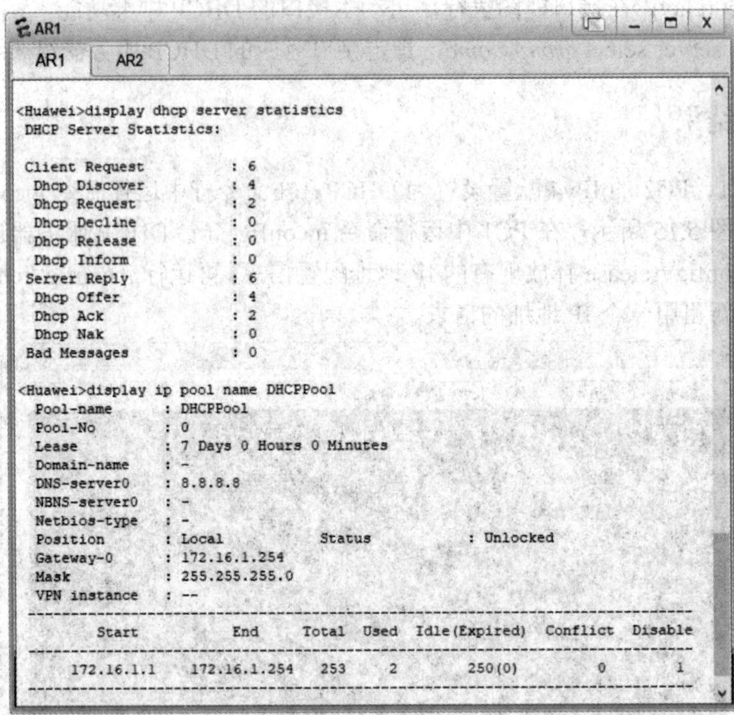

```
AR1
AR1   AR2

<Huawei>display dhcp server statistics
 DHCP Server Statistics:

 Client Request          : 6
  Dhcp Discover          : 4
  Dhcp Request           : 2
  Dhcp Decline           : 0
  Dhcp Release           : 0
  Dhcp Inform            : 0
 Server Reply            : 6
  Dhcp Offer             : 4
  Dhcp Ack               : 2
  Dhcp Nak               : 0
 Bad Messages            : 0

<Huawei>display ip pool name DHCPPool
  Pool-name      : DHCPPool
  Pool-No        : 0
  Lease          : 7 Days 0 Hours 0 Minutes
  Domain-name    : -
  DNS-server0    : 8.8.8.8
  NBNS-server0   : -
  Netbios-type   : -
  Position       : Local           Status           : Unlocked
  Gateway-0      : 172.16.1.254
  Mask           : 255.255.255.0
  VPN instance   : --
 -----------------------------------------------------------------------------
        Start           End     Total  Used  Idle(Expired)  Conflict  Disable
 -----------------------------------------------------------------------------
     172.16.1.1   172.16.1.254   253     2        250(0)         0         1
 -----------------------------------------------------------------------------
```

图 5.16　路由器 AR1 的 DHCP 服务器统计信息和地址池信息

```
AR2
AR1   AR2

<Huawei>display dhcp relay statistics
 The statistics of DHCP RELAY:
    DHCP packets received from clients      : 6
        DHCP DISCOVER packets received      : 4
        DHCP REQUEST packets received       : 2
        DHCP RELEASE packets received       : 0
        DHCP INFORM packets received        : 0
        DHCP DECLINE packets received       : 0
    DHCP packets sent to clients            : 6
        Unicast packets sent to clients     : 6
        Broadcast packets sent to clients   : 0
    DHCP packets received from servers      : 6
        DHCP OFFER packets received         : 4
        DHCP ACK packets received           : 2
        DHCP NAK packets received           : 0
    DHCP packets sent to servers            : 6
    DHCP Bad packets received               : 0
<Huawei>
<Huawei>display dhcp relay all
 DHCP relay agent running information of interface GigabitEthernet0/0/1 :
 Server group name       : DHCPGroup
 Gateway address in use  : 172.16.1.254
```

图 5.17　路由器 AR2 的 DHCP 中继统计信息和详细信息

第 6 章　网络地址转换

由于 IPv4 地址空间不足，网络地址转换(Network Address Translation，NAT)技术作为一种能够解决 IPv4 地址短缺的解决方案而被广泛应用。网络地址转换也称为网络掩蔽或者 IP 掩蔽，是一种在 IP 数据包通过路由器或防火墙时重写源 IP 地址或目的 IP 地址的技术。这种技术被普遍使用在拥有多台主机但只通过一个或少量公有 IP 地址访问 Internet 的私有网络中。

NAT 有三种类型：静态 NAT(Static NAT)、动态 NAT(Dynamic NAT)和网络地址端口转换(Port Address Translation，PAT)。静态 NAT 实现了私有地址和全球公有地址的一对一映射，一个公有 IP 地址只会分配给唯一且固定的内网主机。动态 NAT 是指将内部网络的私有 IP 地址转换为公有 IP 地址时，IP 地址对是不确定的、随机的，所有被授权访问 Internet 的私有 IP 地址可随机转换为任何指定的公有 IP 地址。当 ISP 提供的公有 IP 地址略少于网络内部的计算机数量时，可以采用动态转换的方式。网络地址端口转换(PAT)则能够把内部地址映射到外部网络的一个 IP 地址的不同端口上。PAT 与动态 NAT 不同，它将内部连接全部映射到外部网络中的一个单独的 IP 地址上，同时在该地址上加上一个由 NAT 设备选定的端口号。

6.1　静态 NAT 的配置

静态 NAT 是指将内部网络的私有 IP 地址转换为公有 IP 地址，IP 地址对是一对一且固定不变的。

6.1.1　实验目的

(1) 理解 NAT 的工作原理与用途；
(2) 掌握路由器静态 NAT 配置方法；
(3) 验证静态 NAT 的工作过程；
(4) 验证私有 IP 地址与公有 IP 地址之间的静态转换过程。

6.1.2　实验原理

借助于静态 NAT，路由器通过创建 NAT 地址映射表，来实现外部网络对内部网络中某些特定设备(如服务器)的访问。如图 6.1 所示，192.168.1.0/24 是内部网络，200.10.10.0/24 是外部网络，通过配置静态 NAT 可实现内网主机与外网主机的通信。

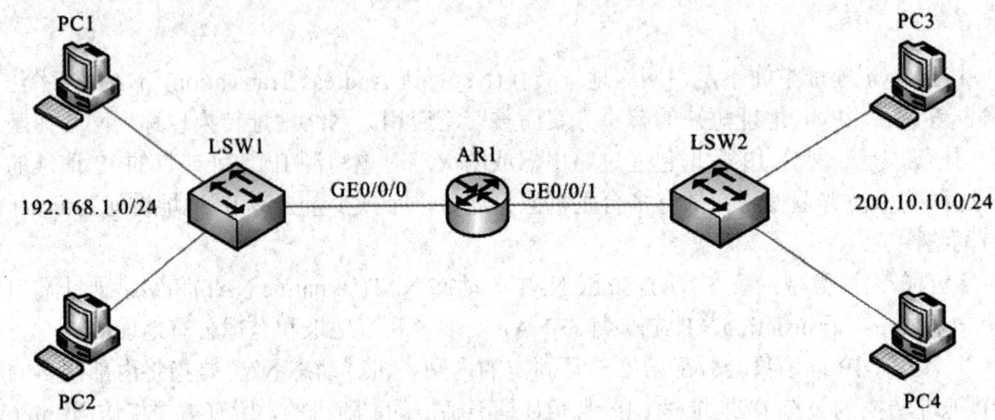

图 6.1　静态 NAT 拓扑图

6.1.3　实验步骤

(1) 启动 eNSP，按照图 6.1 所示的网络拓扑放置和连接设备，并启动所有设备。

(2) 根据表 6.1 所示的地址规划配置 PC。

表 6.1　PC 的地址规划表

主机	IP 地址	子网掩码	网关
PC1	192.168.1.1	255.255.255.0	192.168.1.254
PC2	192.168.1.2	255.255.255.0	192.168.1.254
PC3	200.10.10.3	255.255.255.0	200.10.10.254
PC4	200.10.10.4	255.255.255.0	200.10.10.254

(3) 建立公有 IP 地址与私有 IP 地址之间的映射，通过以下命令来实现两种地址的一对一转换，表 6.2 表明了两种地址的对应关系。

nat static global {*public-address*} inside {*private-address*}

表 6.2　私有 IP 地址与公有 IP 地址之间的映射

主机	私有 IP 地址	公有 IP 地址
PC1	192.168.1.1	200.10.10.1
PC2	192.168.1.2	200.10.10.2

(4) 路由器 AR1 的配置：

```
<Huawei>system-view
[Huawei]undo info-center enable
[Huawei]interface GigabitEthernet0/0/0
[Huawei-GigabitEthernet0/0/0]ip address 192.168.1.254 24
[Huawei-GigabitEthernet0/0/0]quit
[Huawei]interface GigabitEthernet0/0/1
[Huawei-GigabitEthernet0/0/1]ip address 200.10.10.254 24
[Huawei-GigabitEthernet0/0/1]nat static global 200.10.10.1 inside 192.168.1.1
[Huawei-GigabitEthernet0/0/1]nat static global 200.10.10.2 inside 192.168.1.2
```

6.1.4 实验结果

(1) 通过命令 display nat static 查看路由器的 NAT 配置，如图 6.2 所示。

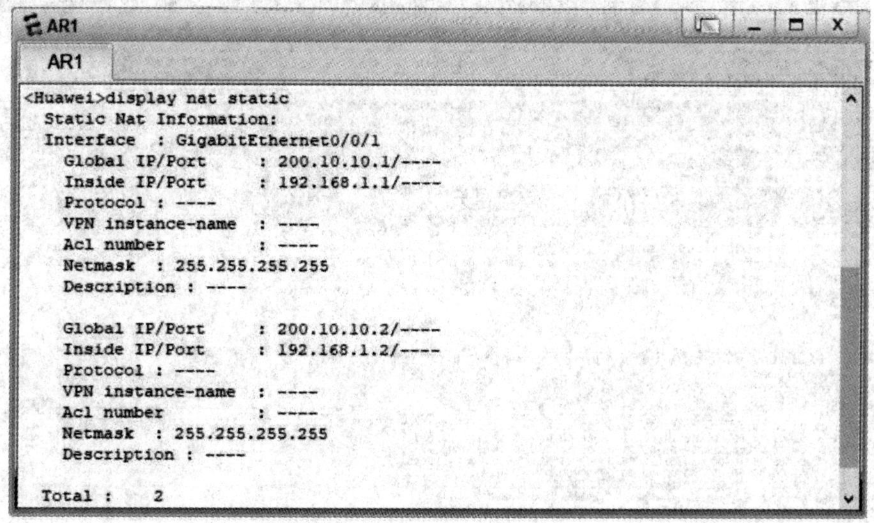

图 6.2　路由器的静态 NAT 信息

(2) 验证内网主机可以与外网主机通信，如图 6.3 所示。

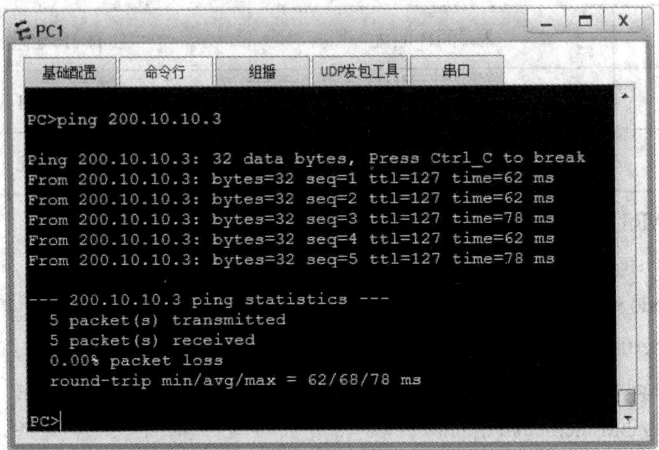

图 6.3　内网主机 PC1 与外网主机 PC3 之间的通信

内网主机 PC1 ping 外网主机 PC3 时，在路由器 AR1 的接口 GE0/0/0 和 GE0/0/1 分别抓包，如图 6.4 和图 6.5 所示。由图可以看出，在接口 GE0/0/0 处，源地址仍然是私有地址 192.168.1.1；而在接口 GE0/0/1 处，源地址已经由 192.168.1.1 转换成了 200.10.10.1。

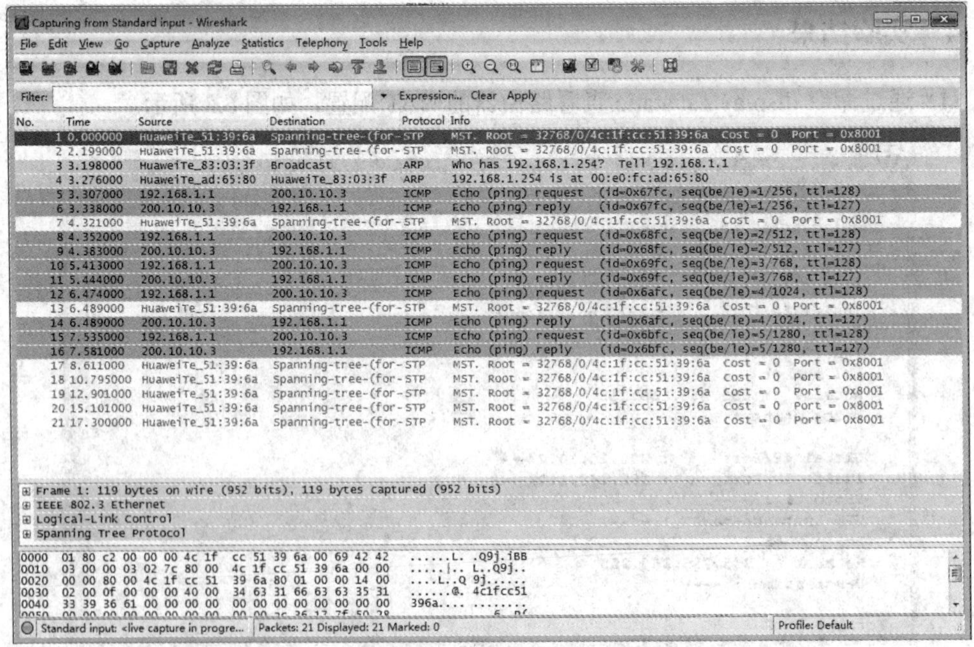

图 6.4　AR1 接口 GE0/0/0 捕获的 ICMP 报文序列

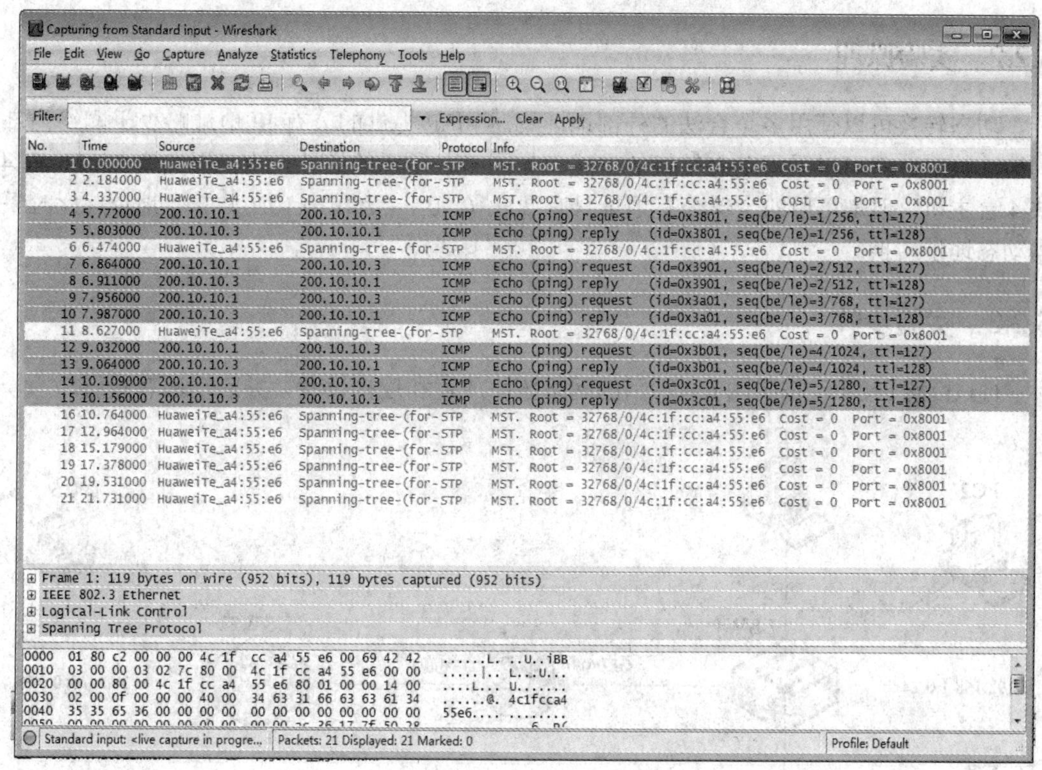

图 6.5　AR1 接口 GE0/0/1 捕获的 ICMP 报文序列

6.2　动态 NAT 的配置

动态 NAT 是指将内部网络的私有 IP 地址转换为公有 IP 地址时，IP 地址的映射是不确定的，所有被授权访问 Internet 的私有 IP 地址都可随机转换为任何指定的公有 IP 地址。即只要指定需要进行转换的内部地址以及可以使用的外部地址，就可以进行动态转换。

6.2.1　实验目的

(1) 理解 NAT 的工作原理与用途；
(2) 掌握路由器动态 NAT 配置方法；
(3) 验证动态 NAT 的工作过程；
(4) 验证私有 IP 地址与公有 IP 地址之间的动态转换过程。

6.2.2　实验原理

动态转换可以使用多个合法的外部地址集。当 ISP 提供的公有 IP 地址略少于网络内部的地址数时，就可以采用动态转换的方式。如图 6.6 所示的拓扑，内部网络有 PC1～PC4 共 4 台主机，但是可用的全球公有地址只有 200.10.10.1 ~ 200.10.10.3 共 3 个地址，此时采用动态地址转换。

6.2.3　实验步骤

(1) 启动 eNSP，按照图 6.6 所示的网络拓扑放置和连接设备，并启动所有设备。

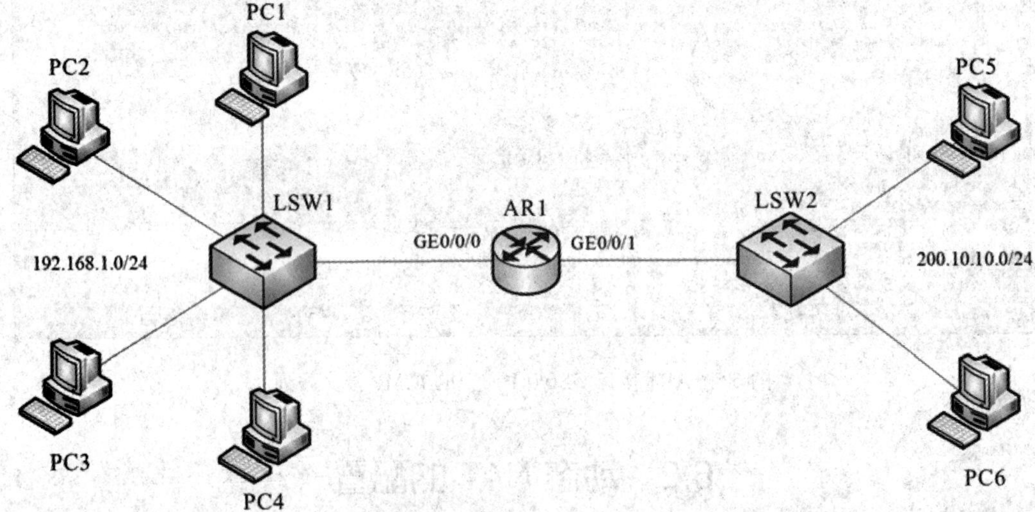

图 6.6　动态 NAT 拓扑图

(2) 根据表 6.3 所示的信息配置拓扑中的 PC。

表 6.3　PC 的地址规划表

主机	IP 地址	子网掩码	网关
PC1	192.168.1.1	255.255.255.0	192.168.1.254
PC2	192.168.1.2	255.255.255.0	192.168.1.254
PC3	192.168.1.3	255.255.255.0	192.168.1.254
PC4	192.168.1.4	255.255.255.0	192.168.1.254
PC5	200.10.10.10	255.255.255.0	200.10.10.254
PC6	200.10.10.11	255.255.255.0	200.10.10.254

(3) 建立公有 IP 地址与私有 IP 地址之间的映射。

用以下命令定义公有 IP 地址池的范围：

nat address-group [*group-number*] {*start-address end-address*}

其中，address-group 后面的 *group-number* 是公有 IP 地址池索引号，在同一个地址组下可以创建多个地址池，但是不同地址池中定义的 IP 地址段之间不允许重叠，地址组成员的 IP 地址段也不能与其他地址池或者其他地址组成员的 IP 地址段重叠。*start-address* 和 *end-address* 分别是全局地址池的起始 IP 地址和结束 IP 地址。

创建 ACL 规则后，在接口视图下用以下命令建立 ACL 与公有 IP 地址池之间的关联：

nat inbound/outbound [*ACL-number*] address-group[*group-number*] no-pat

对于编号为 *ACL-number* 的 ACL 指定的源 IP 地址范围的 IP 分组，用公有 IP 地址池中的公有 IP 地址替换该 IP 分组的源 IP 地址，no-pat 表示不对地址池地址进行复用，私网地址和公网地址只能进行一对一转换。

(4) 路由器 AR1 的配置：

```
<Huawei>system-view
[Huawei]undo info-center enable
[Huawei]interface GigabitEthernet0/0/0
[Huawei-GigabitEthernet0/0/0]ip address 192.168.1.254 24
[Huawei-GigabitEthernet0/0/0]quit
[Huawei]interface GigabitEthernet0/0/1
[Huawei-GigabitEthernet0/0/1]ip address 200.10.10.254 24
[Huawei-GigabitEthernet0/0/0]quit
[Huawei]acl 2000
[Huawei-acl-basic-2000]rule 5 permit source 192.168.1.0 0.0.0.255
[Huawei-acl-basic-2000]quit
[Huawei]nat address-group 1 200.10.10.1 200.10.10.3
[Huawei]interface GigabitEthernet0/0/1
[Huawei-GigabitEthernet0/0/1]nat outbound 2000 address-group 1 no-pat
[Huawei-GigabitEthernet0/0/1]quit
```

6.2.4　实验结果

(1) 查看内网与外网的连通性。图 6.7 表明内网可以与外网通信。

(2) 查看路由器接口的地址转换。

内网主机 PC1 ping 外网主机 PC5 时，在路由器 AR1 的接口 GE0/0/1 抓包，如图 6.8

所示。由图可以看出，在接口 GE0/0/1 处，源地址已经由 192.168.1.1 转换成了公有 IP 地址池中的地址。

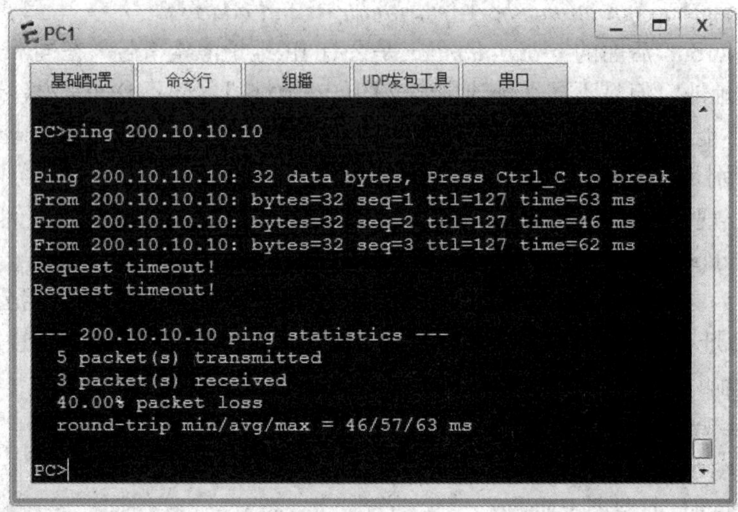

图 6.7　内网 PC1 与外网 PC5 之间的通信

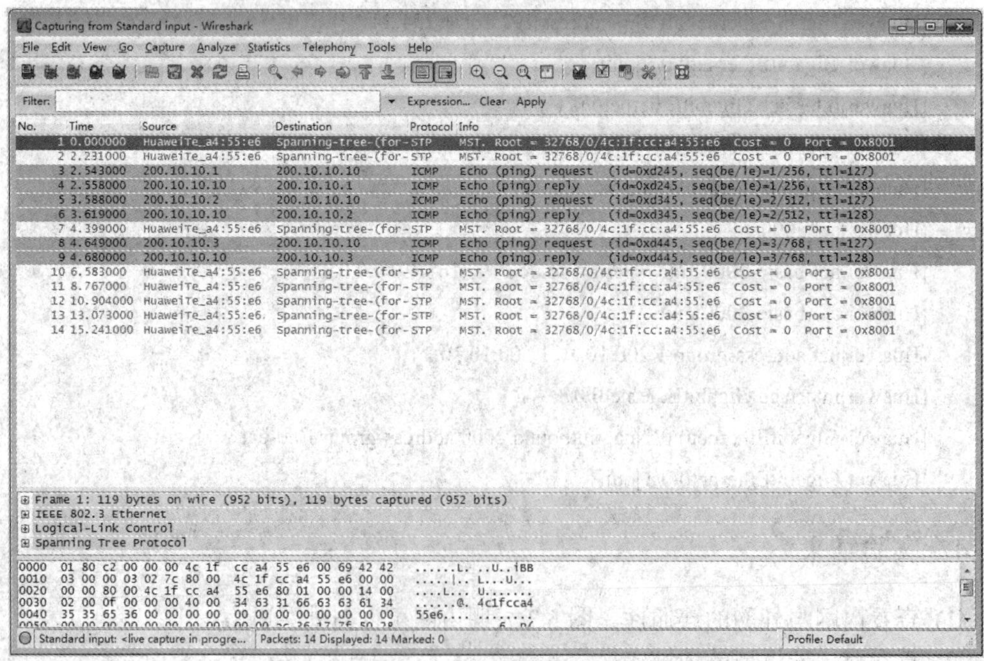

图 6.8　AR1 接口 GE0/0/1 捕获的 ICMP 报文序列

6.3　端口地址转换的配置

PAT 是 NAT 最常用的一种实现方式。在将私有 IP 地址转换为公有 IP 地址时，可以利用不同的端口号实现多个私有 IP 地址对一个或多个公有 IP 地址的复用，从而减少公有 IP 地址的使用。这是目前网络中应用最多的地址转换方式。

6.3.1　实验目的

(1) 理解 PAT 的工作原理与用途；
(2) 掌握路由器端口地址转换的配置方法；
(3) 验证 PAT 的工作过程；
(4) 验证私有 IP 地址与公有 IP 地址之间的端口地址转换过程。

6.3.2　实验原理

PAT 可以改变外出数据包的源端口并进行端口转换，使得内部网络的所有主机能够共享一个合法的公有 IP 地址，以实现对 Internet 的访问，从而可以最大限度地节约 IP 地址资源。同时，PAT 又可隐藏网络内部的所有主机，有效避免来自 Internet 的攻击。

如图 6.9 所示，网络 192.168.1.0/24 是私有网络，172.1.1.0/24 和 200.10.10.0/24 都是使用公有 IP 地址的网络。

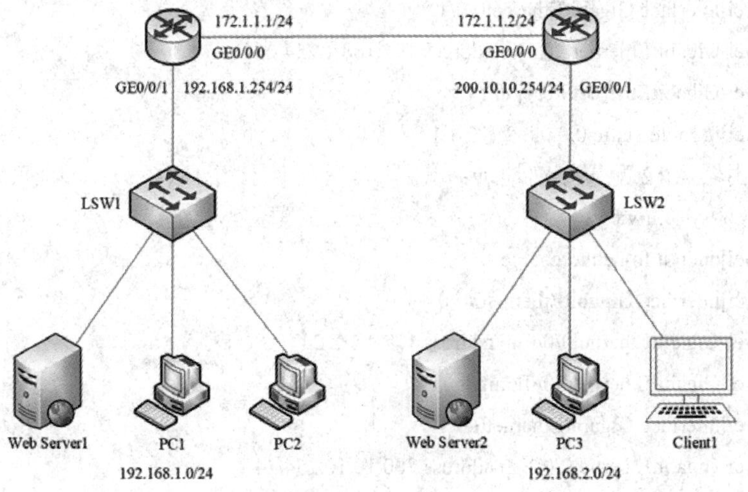

图 6.9　端口地址转换拓扑图

6.3.3　实验步骤

(1) 启动 eNSP，按照图 6.9 所示的网络拓扑放置和连接设备，并启动所有设备。

(2) 根据表 6.4 配置客户端和服务器的 IP 地址信息。

表 6.4　客户端和服务器的 IP 地址规划表

主机	IP 地址	子网掩码	网关
PC1	192.168.1.2	255.255.255.0	192.168.1.254
PC2	192.168.1.3	255.255.255.0	192.168.1.254
PC3	200.10.10.2	255.255.255.0	200.10.10.254
Client1	200.10.10.3	255.255.255.0	200.10.10.254
Server1	192.168.1.1	255.255.255.0	192.168.1.254
Server2	200.10.10.1	255.255.255.0	200.10.10.254

(3) 路由器的配置。

① 为路由器 AR1 配置接口地址和默认路由：

```
<Huawei>system-view
[Huawei]undo info-center enable
[Huawei]interface GigabitEthernet0/0/0
[Huawei-GigabitEthernet0/0/0]ip address 172.1.1.1 24
[Huawei-GigabitEthernet0/0/0]quit
[Huawei]interface GigabitEthernet0/0/1
[Huawei-GigabitEthernet0/0/1]ip address 192.168.1.254 24
[Huawei-GigabitEthernet0/0/1]quit
[Huawei]ip route-static 0.0.0.0 0 172.1.1.2
```

② 为路由器 AR2 配置接口地址：

```
<Huawei>system-view
[Huawei]undo info-center enable
[Huawei]interface GigabitEthernet0/0/0
[Huawei-GigabitEthernet0/0/0]ip address 172.1.1.2 24
[Huawei-GigabitEthernet0/0/0]quit
[Huawei]interface GigabitEthernet0/0/1
[Huawei-GigabitEthernet0/0/1]ip address 200.10.10.254 24
[Huawei-GigabitEthernet0/0/1]quit
```

(4) 查看路由器的路由表。由图 6.10 可以看出，AR1 的路由表中有一项默认路由，指明了通往网络 200.10.10.0/24 的传输路径，其下一跳 IP 地址是 172.1.1.2。图 6.11 所示 AR2 的路由表中没有指明通往网络 192.168.1.0/24 传输路径的路由项，因此 AR2 无法转发目的网络是 192.168.1.0/24 的 IP 分组。

```
AR1
AR1  AR2
<Huawei>display ip routing-table
Route Flags: R - relay, D - download to fib
------------------------------------------------------------------------------
Routing Tables: Public
         Destinations : 11       Routes : 11

Destination/Mask    Proto   Pre  Cost      Flags NextHop         Interface

        0.0.0.0/0   Static  60   0           RD   172.1.1.2       GigabitEthernet
0/0/0
      127.0.0.0/8   Direct  0    0            D   127.0.0.1       InLoopBack0
      127.0.0.1/32  Direct  0    0            D   127.0.0.1       InLoopBack0
127.255.255.255/32  Direct  0    0            D   127.0.0.1       InLoopBack0
      172.1.1.0/24  Direct  0    0            D   172.1.1.1       GigabitEthernet
0/0/0
      172.1.1.1/32  Direct  0    0            D   127.0.0.1       GigabitEthernet
0/0/0
    172.1.1.255/32  Direct  0    0            D   127.0.0.1       GigabitEthernet
0/0/0
    192.168.1.0/24  Direct  0    0            D   192.168.1.254   GigabitEthernet
0/0/1
  192.168.1.254/32  Direct  0    0            D   127.0.0.1       GigabitEthernet
0/0/1
  192.168.1.255/32  Direct  0    0            D   127.0.0.1       GigabitEthernet
0/0/1
255.255.255.255/32  Direct  0    0            D   127.0.0.1       InLoopBack0
```

图 6.10　路由器 AR1 的路由表

```
AR2
AR1  AR2
<Huawei>display ip routing-table
Route Flags: R - relay, D - download to fib
------------------------------------------------------------------------------
Routing Tables: Public
         Destinations : 10       Routes : 10

Destination/Mask    Proto   Pre  Cost      Flags NextHop         Interface

      127.0.0.0/8   Direct  0    0            D   127.0.0.1       InLoopBack0
      127.0.0.1/32  Direct  0    0            D   127.0.0.1       InLoopBack0
127.255.255.255/32  Direct  0    0            D   127.0.0.1       InLoopBack0
      172.1.1.0/24  Direct  0    0            D   172.1.1.2       GigabitEthernet
0/0/0
      172.1.1.2/32  Direct  0    0            D   127.0.0.1       GigabitEthernet
0/0/0
    172.1.1.255/32  Direct  0    0            D   127.0.0.1       GigabitEthernet
0/0/0
    200.10.10.0/24  Direct  0    0            D   200.10.10.254   GigabitEthernet
0/0/1
  200.10.10.254/32  Direct  0    0            D   127.0.0.1       GigabitEthernet
0/0/1
  200.10.10.255/32  Direct  0    0            D   127.0.0.1       GigabitEthernet
0/0/1
255.255.255.255/32  Direct  0    0            D   127.0.0.1       InLoopBack0
```

图 6.11　路由器 AR2 的路由表

(5) 内网主机与外网服务器的通信。由图6.12可见，内网主机PC1与外网服务器Server2不能通信。此时查看在路由器 AR1 接口 GE0/0/0 处捕获的报文，如图 6.13 所示，可以看出在接口 GE0/0/0 处，源地址仍然是私有地址 192.168.1.2，因此在外网处理时会被直接丢弃。

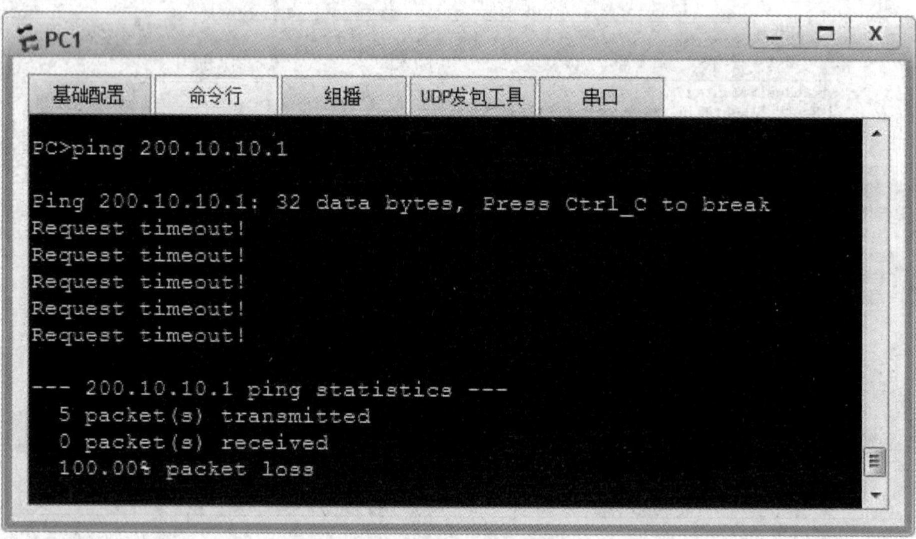

图 6.12　内网主机 PC1 与外网服务器 Server2 之间的通信

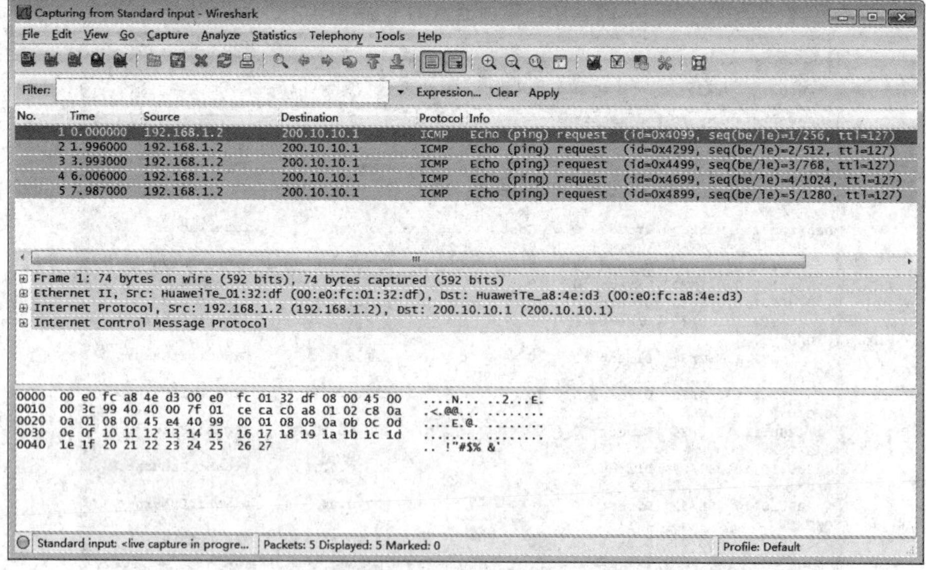

图 6.13　AR1 接口 GE0/0/0 捕获的 ICMP 报文序列

(6) 地址转换。为了解决内网 IP 分组被丢弃的问题，需要把内网源地址转换为 AR1 的外网接口地址，这样数据包才会被处理。用 ACL 创建允许属于 192.168.1.0/24 的源 IP 分组通过的过滤规则，确定需要进行地址转换的内网私有 IP 地址范围；用命令 nat outbound 2000 建立编号为 2000 的基本过滤规则集与指定接口之间的联系。建立联系之后，编号为 2000 的基本过滤规则集指明了允许通过的源 IP 地址范围，并对其实施地址转换，转换后的源地址即为该接口的 IP 地址。对 AR1 进行如下配置：

```
[Huawei]acl 2000
[Huawei-acl-basic-2000]rule 5 permit source 192.168.1.0 0.0.0.255
[Huawei-acl-basic-2000]quit
[Huawei]interface GigabitEthernet0/0/0
[Huawei-GigabitEthernet0/0/0]nat outbound 2000
```

图 6.14 表明在进行地址转换后，内网主机可以访问外网的服务器。从图 6.15 和图 6.16 可以看出，路由器 AR1 接口 GE0/0/1 捕获的 ICMP 报文源地址仍是 192.168.1.2，而接口 GE0/0/0 捕获的 ICMP 报文源地址已经转换成了 172.1.1.1。

(7) 查看 NAT 转换表。IP 分组在经过路由器 AR1 时，路由器会暂时用一个缓存表来保存 NAT 转换表。使用命令 display nat session all 可以查看这个转换表项。由图 6.17 可以看出，内网主机 192.168.1.2 和 192.168.1.3 在访问外网服务器 200.10.10.1 时，源地址都被转换成了 172.1.1.1。由于所有的内网地址都会被转换成同一个 IP 地址，因此外网主机无法对内网服务器进行访问，如图 6.18 所示。

图 6.14　实施地址转换后内网主机 PC1 与外网服务器 Server2 之间的通信

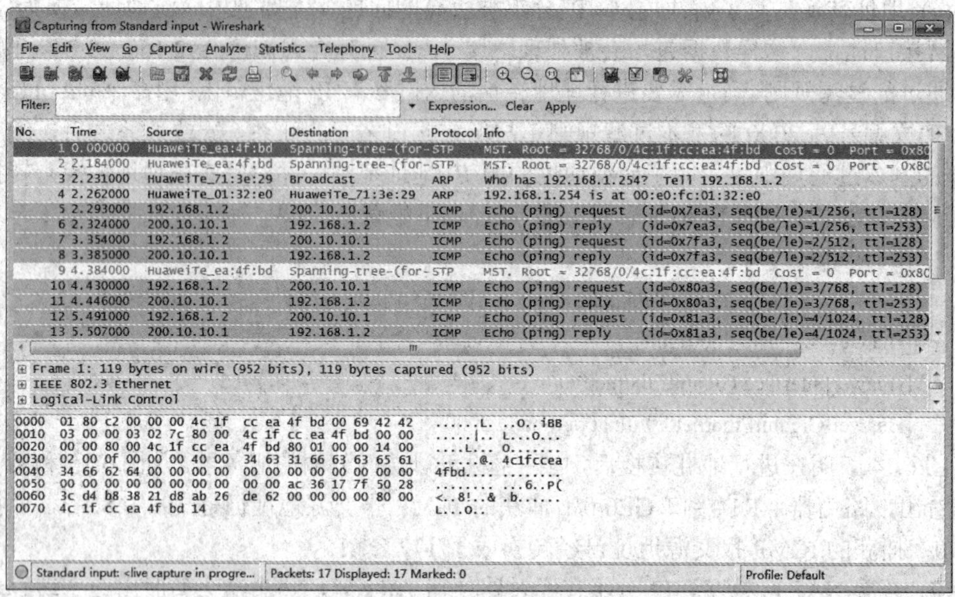

图 6.15　实施地址转换后 AR1 接口 GE0/0/1 捕获的 ICMP 报文序列

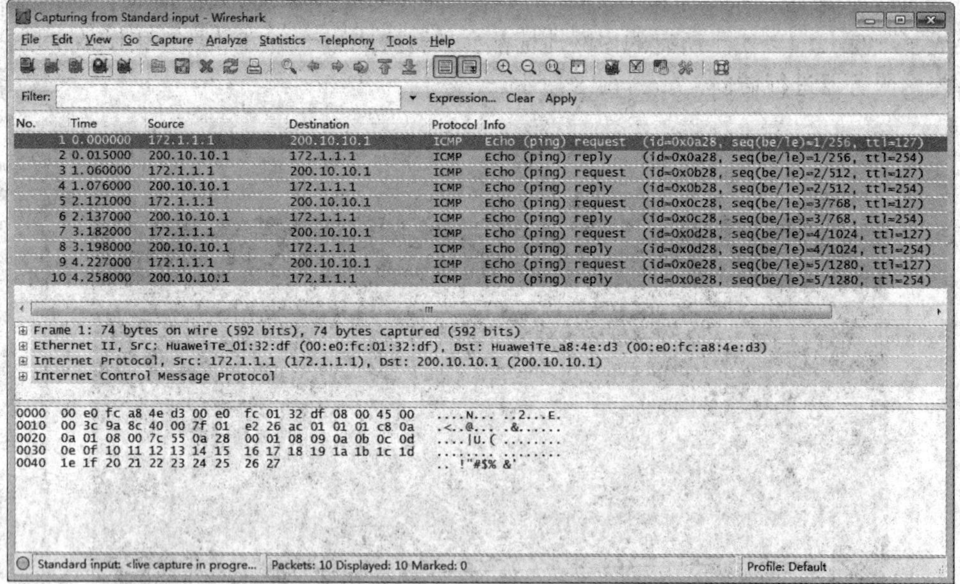

图 6.16　实施地址转换后 AR1 接口 GE0/0/0 捕获的 ICMP 报文序列

```
AR1
AR1   AR2
<Huawei>display nat session all
 NAT Session Table Information:

    Protocol          : ICMP(1)
    SrcAddr   Vpn     : 192.168.1.2
    DestAddr  Vpn     : 200.10.10.1
    Type Code IcmpId  : 0   8   40867
    NAT-Info
      New SrcAddr     : 172.1.1.1
      New DestAddr    : ----
      New IcmpId      : 10286

    Protocol          : ICMP(1)
    SrcAddr   Vpn     : 192.168.1.3
    DestAddr  Vpn     : 200.10.10.1
    Type Code IcmpId  : 0   8   40868
    NAT-Info
      New SrcAddr     : 172.1.1.1
      New DestAddr    : ----
      New IcmpId      : 10287

    Protocol          : ICMP(1)
    SrcAddr   Vpn     : 192.168.1.2
    DestAddr  Vpn     : 200.10.10.1
    Type Code IcmpId  : 0   8   40869
    NAT-Info
      New SrcAddr     : 172.1.1.1
      New DestAddr    : ----
      New IcmpId      : 10288

    Protocol          : ICMP(1)
    SrcAddr   Vpn     : 192.168.1.2
    DestAddr  Vpn     : 200.10.10.1
    Type Code IcmpId  : 0   8   40866
    NAT-Info
      New SrcAddr     : 172.1.1.1
      New DestAddr    : ----
      New IcmpId      : 10285

    Protocol          : ICMP(1)
    SrcAddr   Vpn     : 192.168.1.3
    DestAddr  Vpn     : 200.10.10.1
    Type Code IcmpId  : 0   8   40870
    NAT-Info
      New SrcAddr     : 172.1.1.1
      New DestAddr    : ----
      New IcmpId      : 10289
```

图 6.17　查看路由器 AR1 的 NAT 转换表

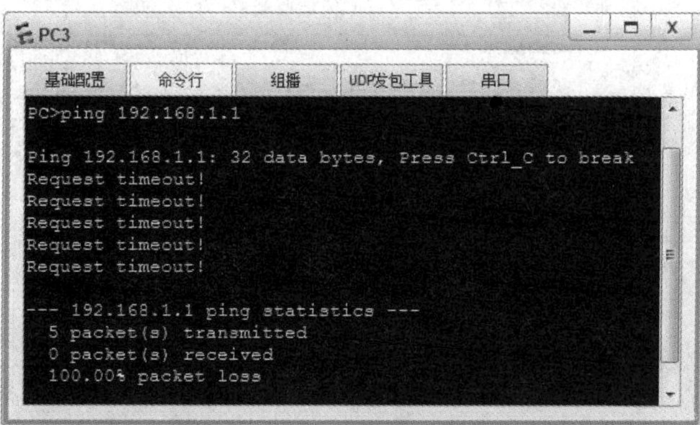

图 6.18　外网主机 PC3 不能访问内网服务器 Server1

(8) 建立全球端口号与私有 IP 地址之间的映射。

在接口视图下使用以下命令：

nat server protocol tcp global current-interface [*global-port-number*] inside {*private-IP-address*} [*local-port-number*]

本实验在路由器 AR1 接口 GE0/0/0 上执行以下命令：

[Huawei-GigabitEthernet0/0/0]nat server protocol tcp global current-interface 8000 inside 192.168.1.1 80

该命令建立了公有 IP 地址和全球端口号(172.1.1.1:8000)以及内部 IP 地址和内部端口号(192.168.1.1:80)之间的静态映射，其中 tcp 表示对 TCP 报文进行地址转换，current-interface 表示将当前接口的 IP 地址 172.1.1.1 作为公有 IP 地址。

6.3.4　实验结果

如图 6.19 所示，在 Server1 的“服务器信息”中选择“HttpServer”，配置文件 index.html 所在的根目录，端口号为 80，点击“启动”按钮。如图 6.20 所示，在 Client1 的“客户端信息”中选择“HttpClient”，在地址栏填入 http://172.1.1.1:8000/index.html，其中 8000 为端口号，点击“获取”按钮，就可以访问 Server1 并下载文件 index.html。

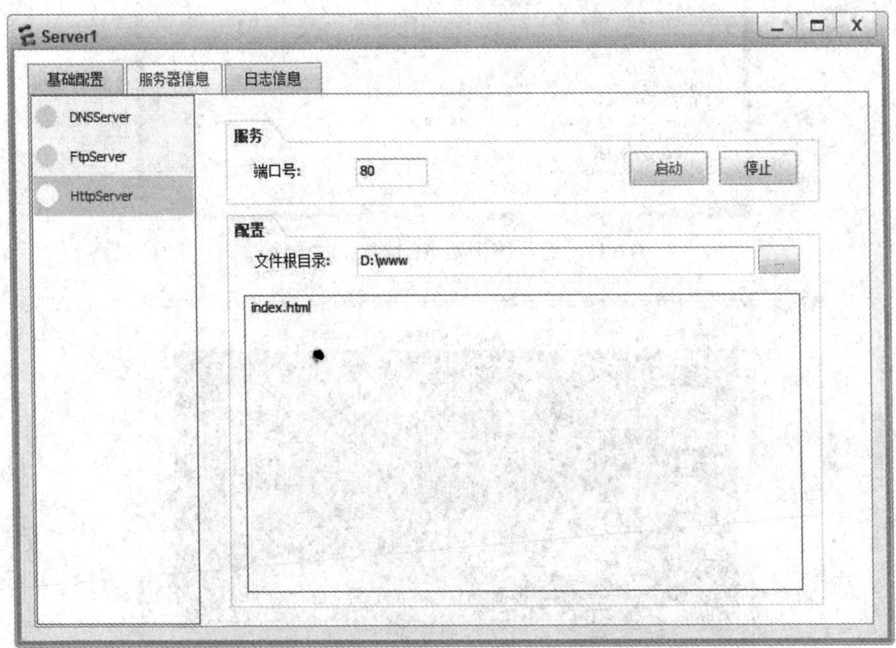

图 6.19　内网服务器 Server1 的配置

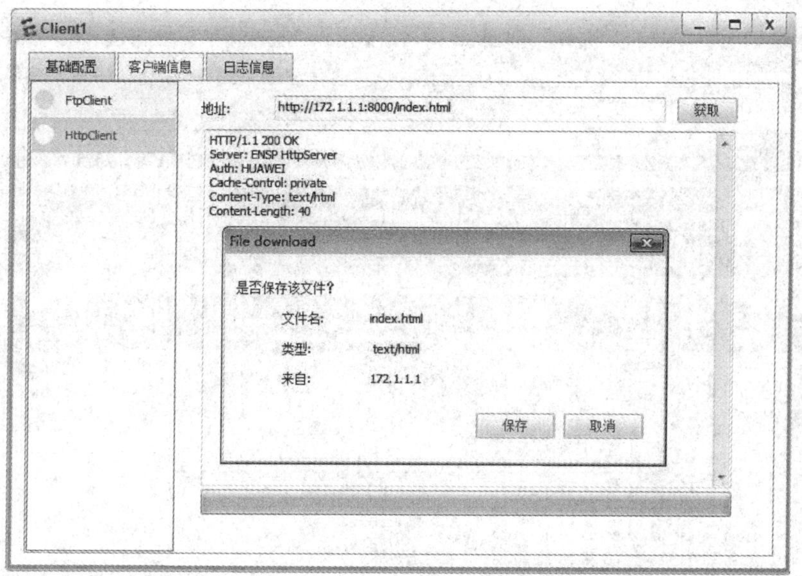

图 6.20　外网客户端 Client1 访问内网服务器 Server1

在 Client1 访问 Server1 时，查看在路由器 AR1 两个接口上捕获的 ICMP 报文。由图 6.21 可以看出，在接口 GE0/0/0 处，目的地址是路由器接口的地址 172.1.1.1；而由图 6.22 可以看出，在接口 GE0/0/1 处，目的地址已经转换成了内网地址 192.168.1.1。

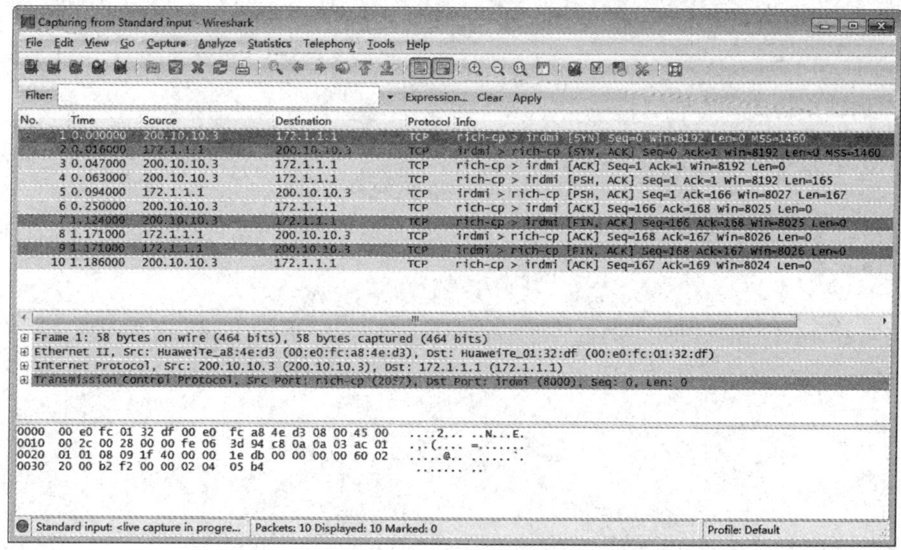

图 6.21　AR1 接口 GE0/0/0 捕获的 ICMP 报文序列

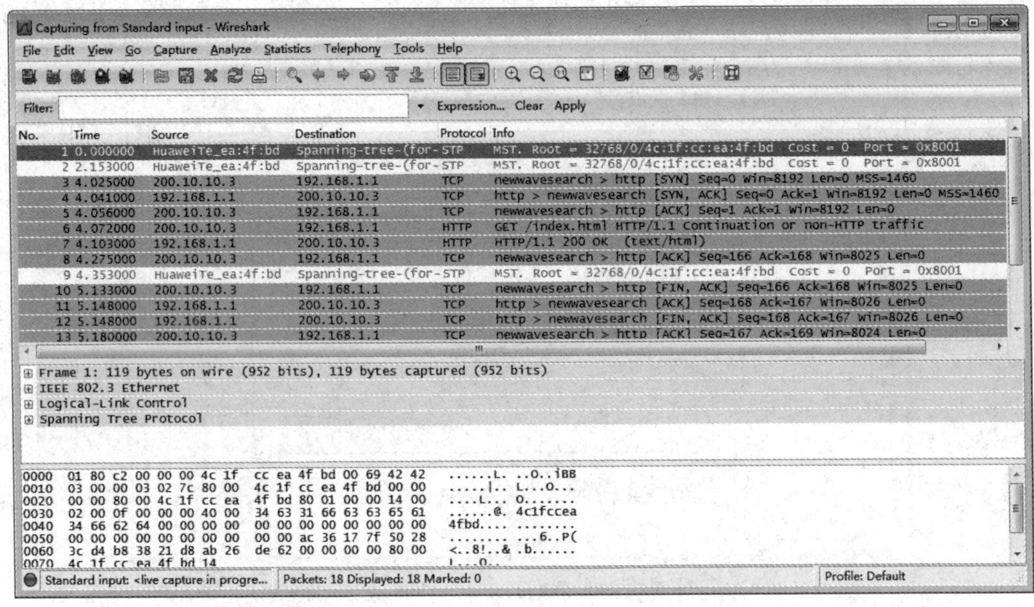

图 6.22　AR1 接口 GE0/0/1 捕获的 ICMP 报文序列

第 7 章　生成树和链路聚合

7.1　生成树的配置

生成树协议(Spanning Tree Protocol，STP)是工作在数据链路层的通信协议，其作用是防止交换机冗余链路产生环路，确保以太网中无环路的逻辑拓扑结构，从而避免广播风暴大量占用交换机的资源。STP 在工作时首先根据网桥优先级(Bridge Priority)和 MAC 地址组合生成的桥 ID 进行根网桥的选举，桥 ID 最小的网桥将成为网络中的根桥(Bridge Root)。根桥位于整个逻辑树的根部，是 STP 网络的逻辑中心。在此基础上，计算每个节点到根桥的距离，并由这些路径得到各冗余链路的代价，选择最小代价的路径成为通信路径(相应的端口状态变为 Forwarding)，其他的就成为备份路径(相应的端口状态变为 Blocking)。

7.1.1　实验目的

(1) 理解生成树协议的原理；

(2) 掌握生成树协议在交换机上的基本配置；

(3) 验证生成树协议建立生成树的过程；

(4) 验证生成树协议的容错机制。

7.1.2　实验原理

根据图 7.1 所示，选择 LSW2 作为根网桥，将其优先级设为最高，另外几台交换机的优先级为 LSW4＞LSW5＞LSW6＞LSW8，剩余交换机的优先级为默认。优先级值越小的交换机，优先级越高。优先级值的取值范围是 0～61 440，步长为 4096，因此优先级值只能在下列数字中选择：0，4096，8192，12 288，16 384，20 480，24 576，28 672，32 768，36 864，40 960，45 056，49 152，53 248，57 344，61 440，默认值是 32 768。本实验将网桥 LSW4 的优先级值设为 4096，LSW5 设为 8192，LSW6 设为 12 288，LSW8 设为 16 384。

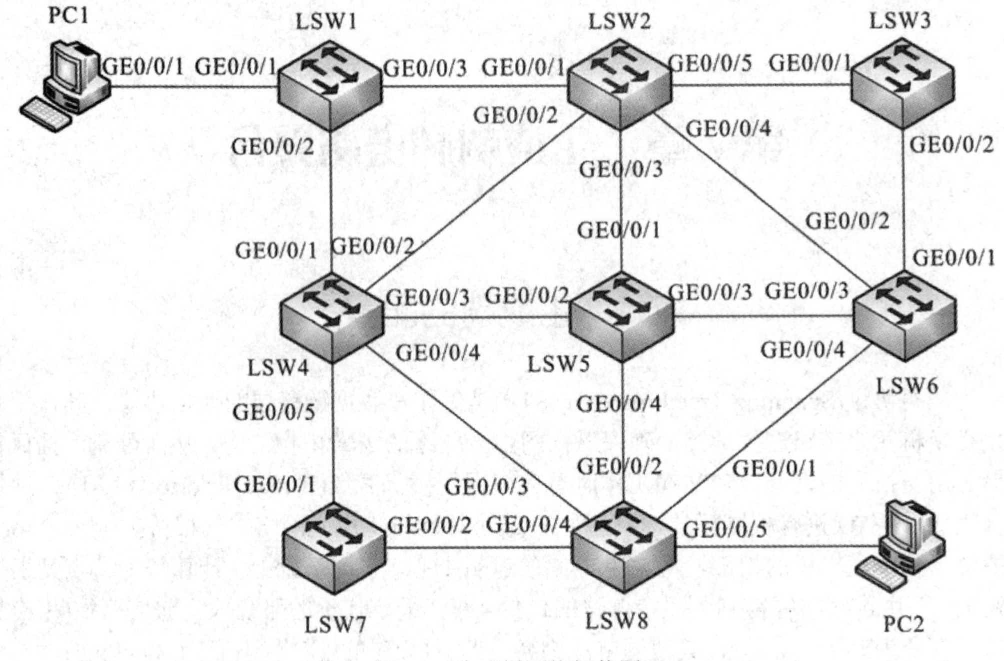

图 7.1　生成树网络拓扑图

7.1.3　实验步骤

(1) 按照图 7.1 所示网络拓扑图连接和启动设备。

(2) 配置交换机 LSW1～LSW8。关键命令说明如下：

stp mode：配置生成树协议的工作模式(mstp、rstp 或 stp 模式)；

stp enable：启动交换机的 STP 功能；

stp priority [*priority value*]：配置交换机的优先级；

stp root primary：将交换机设为根网桥。

① 交换机 LSW1 的配置：

```
<Huawei>system-view
[Huawei]undo info-center enable
[Huawei]stp mode stp
[Huawei]stp enable
```

② 交换机 LSW2 的配置：

```
<Huawei>system-view
[Huawei]undo info-center enable
```

```
[Huawei]stp mode stp
[Huawei]stp enable
[Huawei]stp root primary
```

③ 交换机 LSW3 的配置：

```
<Huawei>system-view
[Huawei]undo info-center enable
[Huawei]stp mode stp
[Huawei]stp enable
```

④ 交换机 LSW4 的配置：

```
<Huawei>system-view
[Huawei]undo info-center enable
[Huawei]stp mode stp
[Huawei]stp enable
[Huawei]stp priority 4096
```

⑤ 交换机 LSW5 的配置：

```
<Huawei>system-view
[Huawei]undo info-center enable
[Huawei]stp mode stp
[Huawei]stp enable
[Huawei]stp priority 8192
```

⑥ 交换机 LSW6 的配置：

```
<Huawei>system-view
[Huawei]undo info-center enable
[Huawei]stp mode stp
[Huawei]stp enable
[Huawei]stp priority 12288
```

⑦ 交换机 LSW7 的配置：

```
<Huawei>system-view
[Huawei]undo info-center enable
[Huawei]stp mode stp
[Huawei]stp enable
```

⑧ 交换机 LSW8 的配置：

```
<Huawei>system-view
```

[Huawei]undo info-center enable

[Huawei]stp mode stp

[Huawei]stp enable

[Huawei]stp priority 16384

(3) 利用 display stp brief 来查看各个交换机的端口状态，如图 7.2～图 7.9 所示。各端口的角色(Role)有以下三种：

① 根端口(Root Port)：非根桥交换机去往根桥路径最优的端口(有且只有一个)。

② 指定端口(Designated Port)：交换机向所连网段转发配置的端口，每个网段有且只能有一个指定端口。通常根桥的每个端口都是指定端口。

③ 预备端口(Alternate Port)：既不是指定端口也不是根端口，处于阻塞状态。

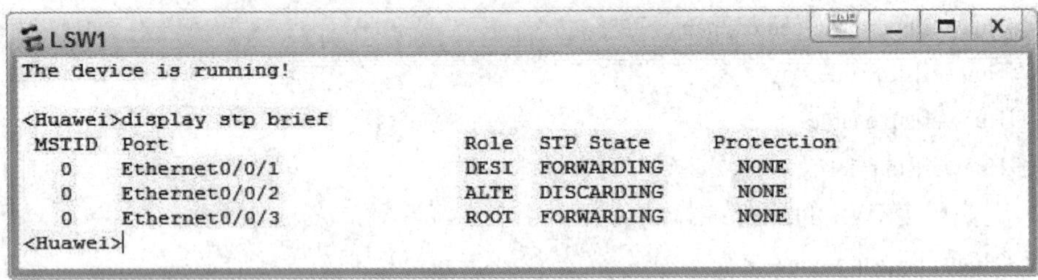

图 7.2　交换机 LSW1 的端口状态

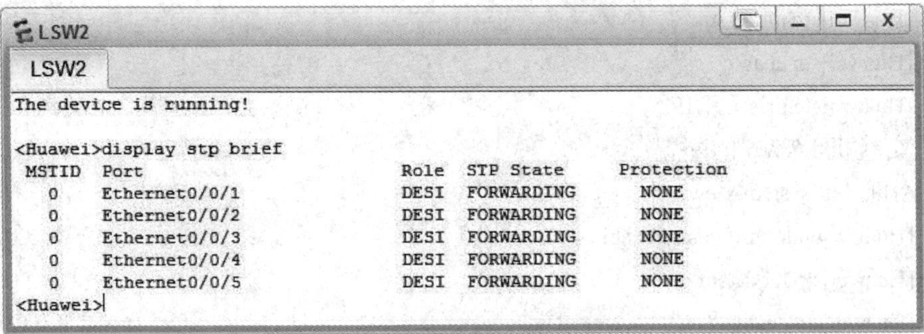

图 7.3　交换机 LSW2 的端口状态

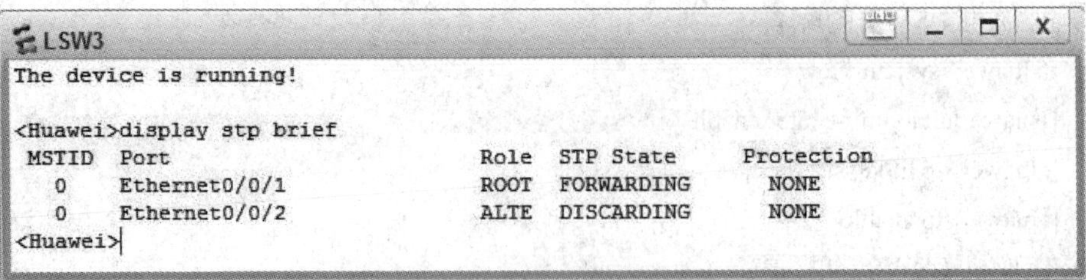

图 7.4　交换机 LSW3 的端口状态

```
LSW4
The device is running!

<Huawei>display stp brief
 MSTID  Port                        Role  STP State     Protection
   0    Ethernet0/0/1               DESI  FORWARDING      NONE
   0    Ethernet0/0/2               ROOT  FORWARDING      NONE
   0    Ethernet0/0/3               DESI  FORWARDING      NONE
   0    Ethernet0/0/4               DESI  FORWARDING      NONE
   0    Ethernet0/0/5               DESI  FORWARDING      NONE
<Huawei>
```

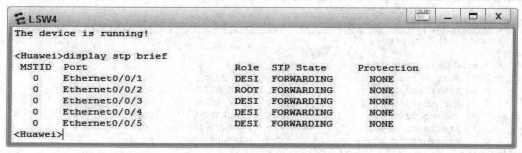

图 7.5　交换机 LSW4 的端口状态

```
LSW5
The device is running!

<Huawei>display stp brief
 MSTID  Port                        Role  STP State     Protection
   0    Ethernet0/0/1               ROOT  FORWARDING      NONE
   0    Ethernet0/0/2               ALTE  DISCARDING      NONE
   0    Ethernet0/0/3               DESI  FORWARDING      NONE
   0    Ethernet0/0/4               DESI  FORWARDING      NONE
<Huawei>
```

图 7.6　交换机 LSW5 的端口状态

```
LSW6
The device is running!

<Huawei>display stp brief
 MSTID  Port                        Role  STP State     Protection
   0    Ethernet0/0/1               DESI  FORWARDING      NONE
   0    Ethernet0/0/2               ROOT  FORWARDING      NONE
   0    Ethernet0/0/3               ALTE  DISCARDING      NONE
   0    Ethernet0/0/4               DESI  FORWARDING      NONE
<Huawei>
```

图 7.7　交换机 LSW6 的端口状态

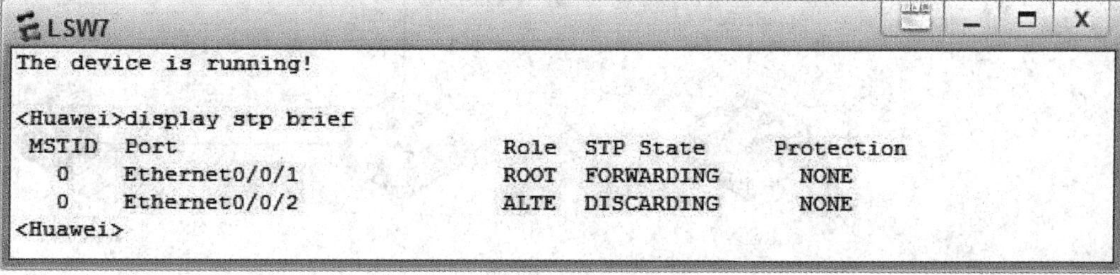

```
LSW7
The device is running!

<Huawei>display stp brief
 MSTID  Port                        Role  STP State     Protection
   0    Ethernet0/0/1               ROOT  FORWARDING      NONE
   0    Ethernet0/0/2               ALTE  DISCARDING      NONE
<Huawei>
```

图 7.8　交换机 LSW7 的端口状态

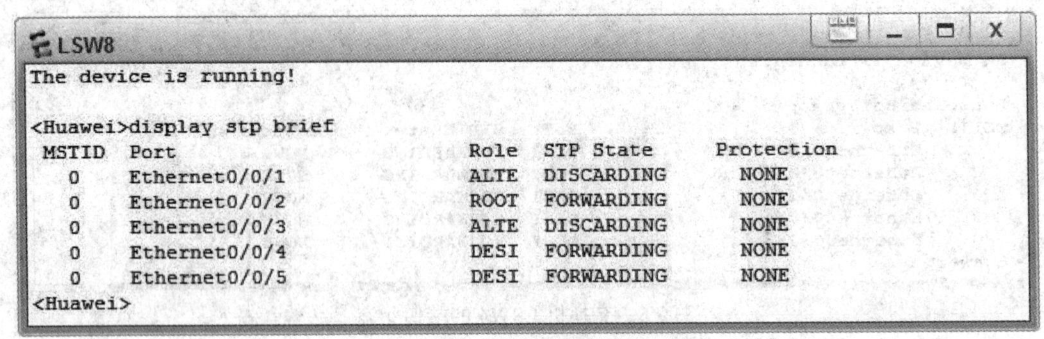

```
LSW8
The device is running!

<Huawei>display stp brief
 MSTID  Port                        Role  STP State     Protection
   0    Ethernet0/0/1               ALTE  DISCARDING      NONE
   0    Ethernet0/0/2               ROOT  FORWARDING      NONE
   0    Ethernet0/0/3               ALTE  DISCARDING      NONE
   0    Ethernet0/0/4               DESI  FORWARDING      NONE
   0    Ethernet0/0/5               DESI  FORWARDING      NONE
<Huawei>
```

图 7.9　交换机 LSW8 的端口状态

7.1.4 实验结果

(1) 根据各交换机端口的状态，去除阻塞端口的连线，得到如图 7.10 所示的拓扑图，可看出是以 LSW2 为根的一个生成树。图 7.11 显示了在 LSW2 端口 GE0/0/3 捕获的 ICMP 报文序列。

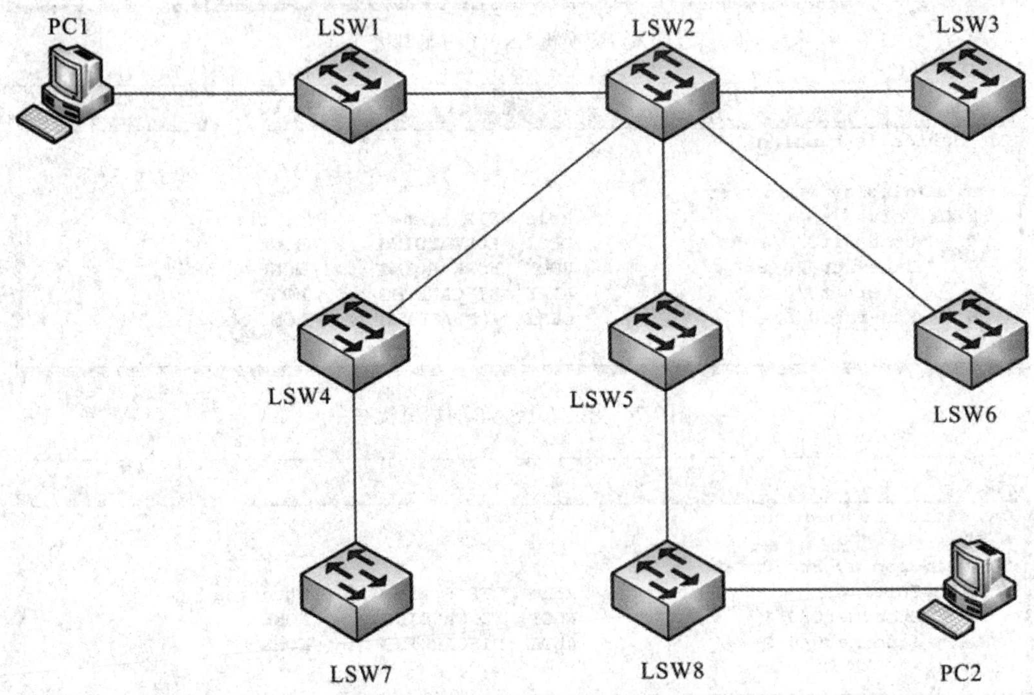

图 7.10　删除阻塞端口连线后的生成树

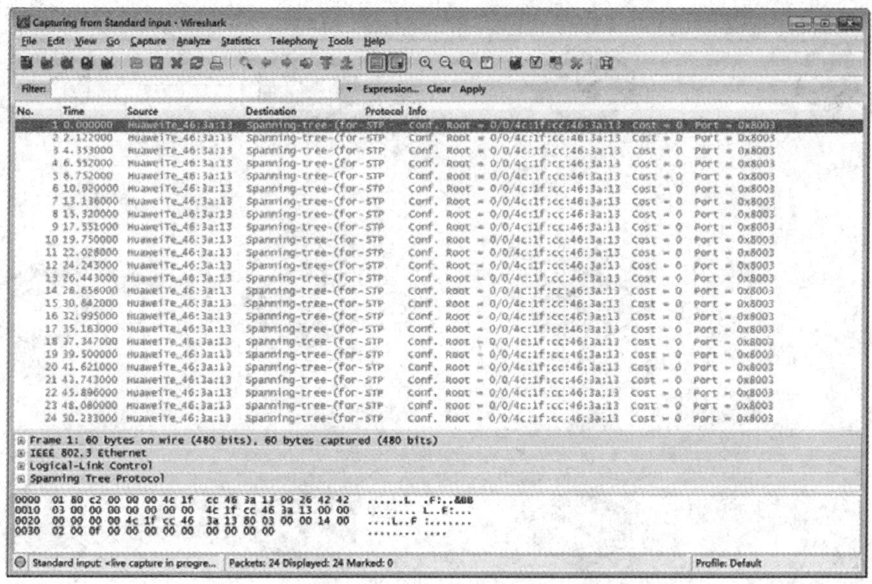

图 7.11　LSW2 端口 GE0/0/3 捕获的 ICMP 报文序列

(2) 改变原始拓扑结构，删除原始拓扑上 LSW2 和 LSW6 之间、LSW5 和 LSW8 之间的连线，如图 7.12 所示。由于拓扑结构发生了变化，交换机会重新构建生成树，去除阻塞端口连接后如图 7.13 所示。

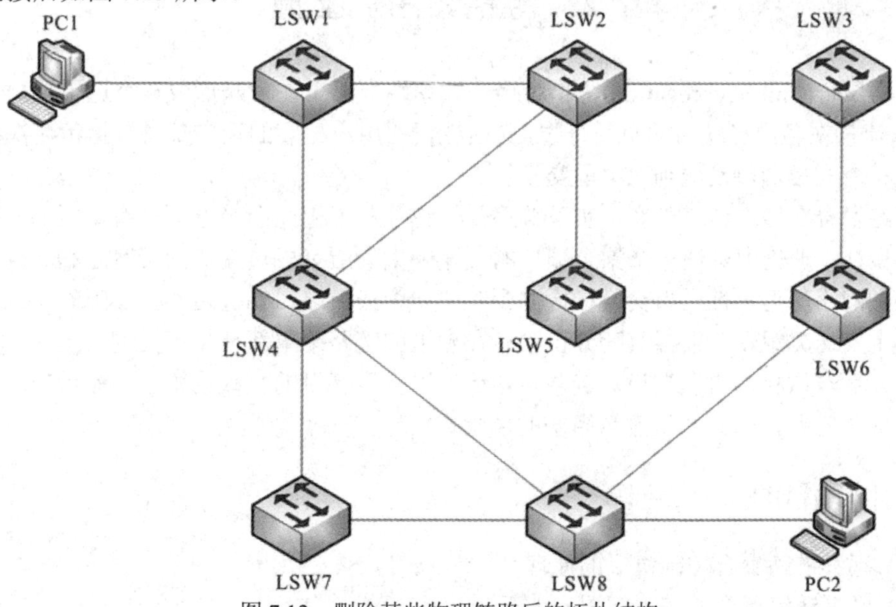

图 7.12　删除某些物理链路后的拓扑结构

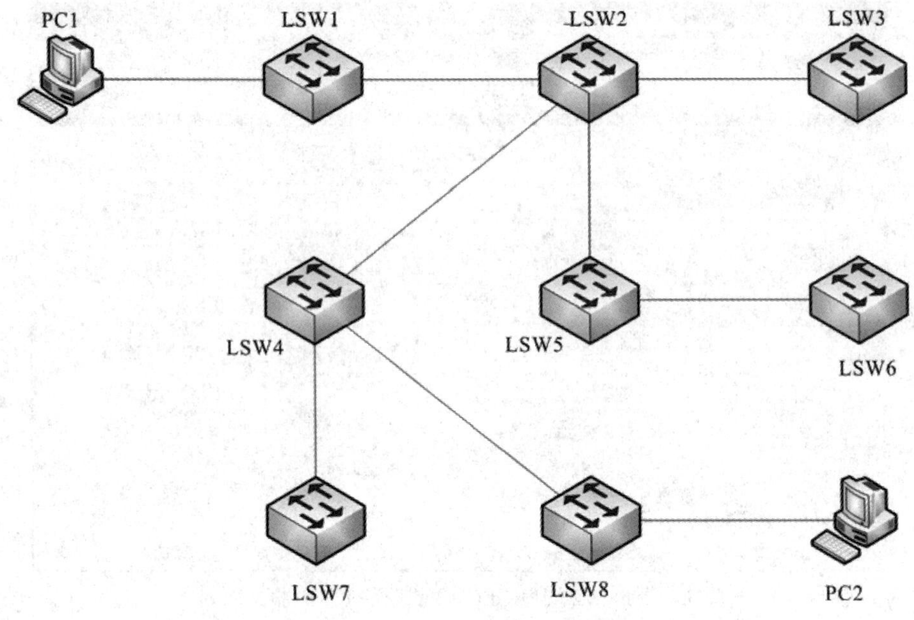

图 7.13　改变物理拓扑后新的生成树

7.2　链路聚合的配置

链路聚合(Link Aggregation)是指将多个物理端口汇聚在一起形成一个逻辑端口，以实现出/入流量在各成员端口的负荷分担，交换机根据用户配置的端口负荷分担策略决定网络分组从哪个成员端口发送到对端的交换机。

链路聚合在增加链路带宽、实现链路传输弹性和工程冗余等方面具有重要的作用。通过链路聚合，理论上可使一个聚合端口的带宽最大为所有成员端口的带宽总和。链路聚合可以提高网络的可靠性，当交换机检测到其中一个成员端口的链路发生故障时，就停止在此端口上发送分组，并根据负荷分担策略在剩下的链路中重新计算报文的发送端口，故障端口恢复后再次担任收发端口。链路聚合还可以实现流量的负载均衡，将流量平均分配给所有的成员链路，降低产生流量阻塞的风险。

7.2.1　实验目的

(1) 理解链路聚合控制协议的原理；

(2) 掌握链路聚合的基本配置；

(3) 掌握以太网链路聚合(Eth-Trunk)接口的配置；

(4) 了解链路聚合与 VLAN 之间的相互关系。

7.2.2 实验原理

以太网链路聚合简称链路聚合，它通过将多条以太网物理链路捆绑在一起成为一条逻辑链路，实现增加链路带宽的目的。同时，这些捆绑在一起的链路通过相互间的动态备份，可以有效地提高链路的可靠性。链路聚合有两种模式：手动负载均衡模式与链路聚合控制协议(Link Aggregation Control Protocol，LACP)模式。

1. 手动负载均衡模式

在此模式下，建立 Eth-Trunk 以及加入成员接口需手工配置。该模式下的所有活动链路都参与数据的转发，平均分担流量。如果某条活动链路出现故障，则自动在剩余的活动链路中平均分担流量。该模式可以基于 MAC 地址与 IP 地址进行负载均衡。

2. 链路聚合控制协议模式

在此模式下，Eth-Trunk 的建立、成员接口的加入由手工配置或 LACP 协议通过协商完成。链路两端的设备会相互发送 LACP 报文，协商聚合参数，从而选举出活动链路和非活动链路。

3. 两者的区别

在手动负载均衡模式下，所有的端口都处于数据转发状态；在 LACP 模式下，会有一些链路充当备份链路。

本实验采用 LACP 模式，利用以下命令来创建 Eth-Trunk，并在当前接口模式下执行 mode lacp 命令。

interface eth-trunk [*Eth-Trunk interface number*]

在本实验中执行命令 interface eth-trunk 1 将连接逻辑链路的一组端口定义为 eth-trunk 1，将其作为 VLAN 10 和 VLAN 20 共享的主干端口，并执行以下命令将指定的交换机端口加入到编号为 1 的 eth-trunk 接口中。

```
[Huawei]interface GigabitEthernet0/0/1
[Huawei-GigabitEthernet0/0/1]eth-trunk 1
```

7.2.3 实验步骤

(1) 创建网络拓扑图，连接和启动设备，如图 7.14 所示。

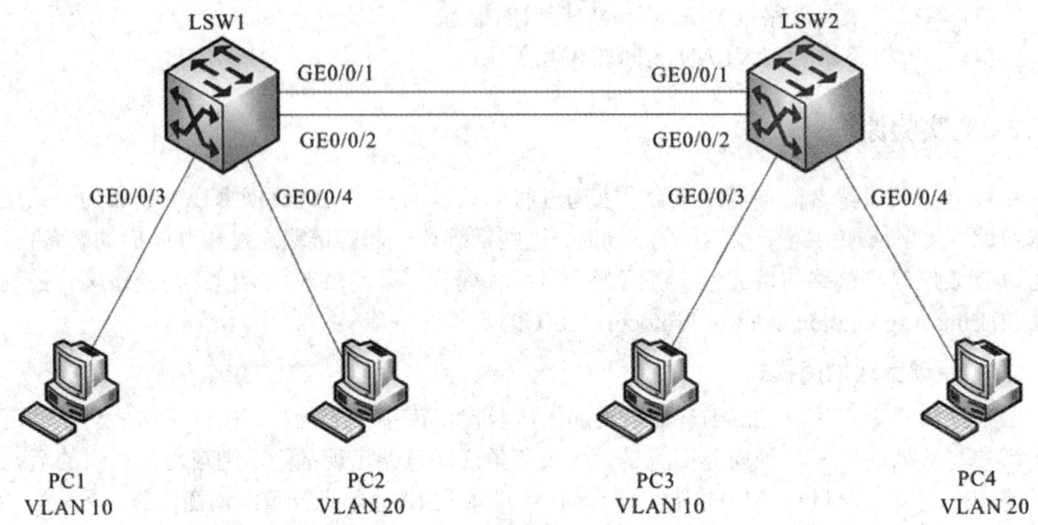

图 7.14　链路聚合的网络拓扑图

(2) 分别对交换机 LSW1 和 LSW2 进行相同的配置：

```
<Huawei>system-view
[Huawei]undo info-center enable
[Huawei]interface eth-trunk 1
[Huawei-Eth-Trunk1]mode lacp
[Huawei-Eth-Trunk1]quit
[Huawei]interface GigabitEthernet0/0/1
[Huawei-GigabitEthernet0/0/1]eth-trunk 1
[Huawei-GigabitEthernet0/0/1]quit
[Huawei]interface GigabitEthernet0/0/2
[Huawei-GigabitEthernet0/0/2]eth-trunk 1
[Huawei-GigabitEthernet0/0/2]quit
[Huawei]vlan batch 10 20
[Huawei]interface GigabitEthernet0/0/3
[Huawei-GigabitEthernet0/0/3]port link-type access
[Huawei-GigabitEthernet0/0/3]port default vlan 10
[Huawei-GigabitEthernet0/0/3]quit
[Huawei]interface GigabitEthernet0/0/4
[Huawei-GigabitEthernet0/0/4]port link-type access
```

```
[Huawei-GigabitEthernet0/0/4]port default vlan 20
[Huawei-GigabitEthernet0/0/4]quit
[Huawei]interface eth-trunk 1
[Huawei-Eth-Trunk1]port link-type trunk
[Huawei-Eth-Trunk1]port trunk allow-pass vlan 10 20
[Huawei-Eth-Trunk1]quit
```

(3) 根据表 7.1 的地址规划配置 PC。

表 7.1　PC 的地址规划表

主机	IP 地址	子网掩码	网关	VLAN
PC1	192.168.1.1	255.255.255.0	192.168.1.254	VLAN 10
PC2	192.168.2.1	255.255.255.0	192.168.2.254	VLAN 20
PC3	192.168.1.2	255.255.255.0	192.168.1.254	VLAN 10
PC4	192.168.2.2	255.255.255.0	192.168.2.254	VLAN 20

7.2.4　实验结果

(1) 利用 display trunkmembership eth-trunk 1 来查看交换机的 eth-trunk 1 成员，如图 7.15 所示。

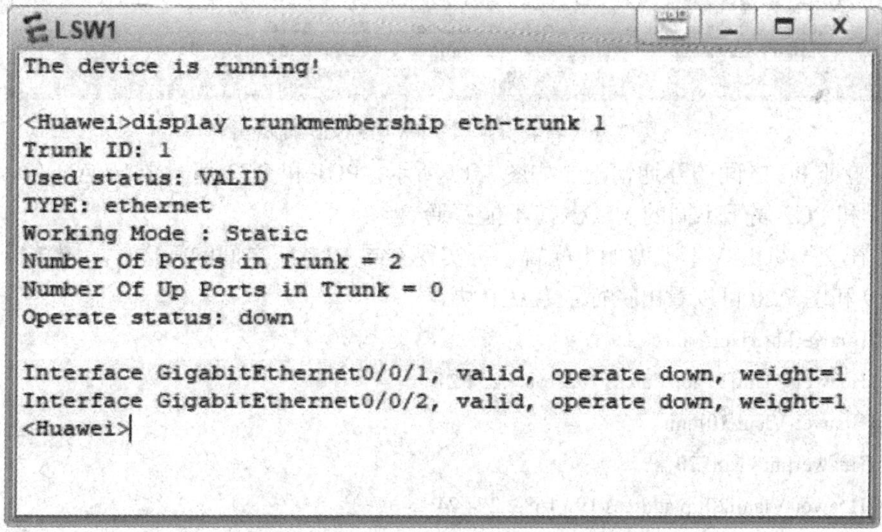

图 7.15　查看交换机 LSW1 的 eth-trunk 1 成员

交换机 LSW1 中 VLAN 10 和 VLAN 20 的成员组成如图 7.16 所示，eth-trunk 1 作为标记端口(TG)被 VLAN 10 和 VLAN 20 共享。

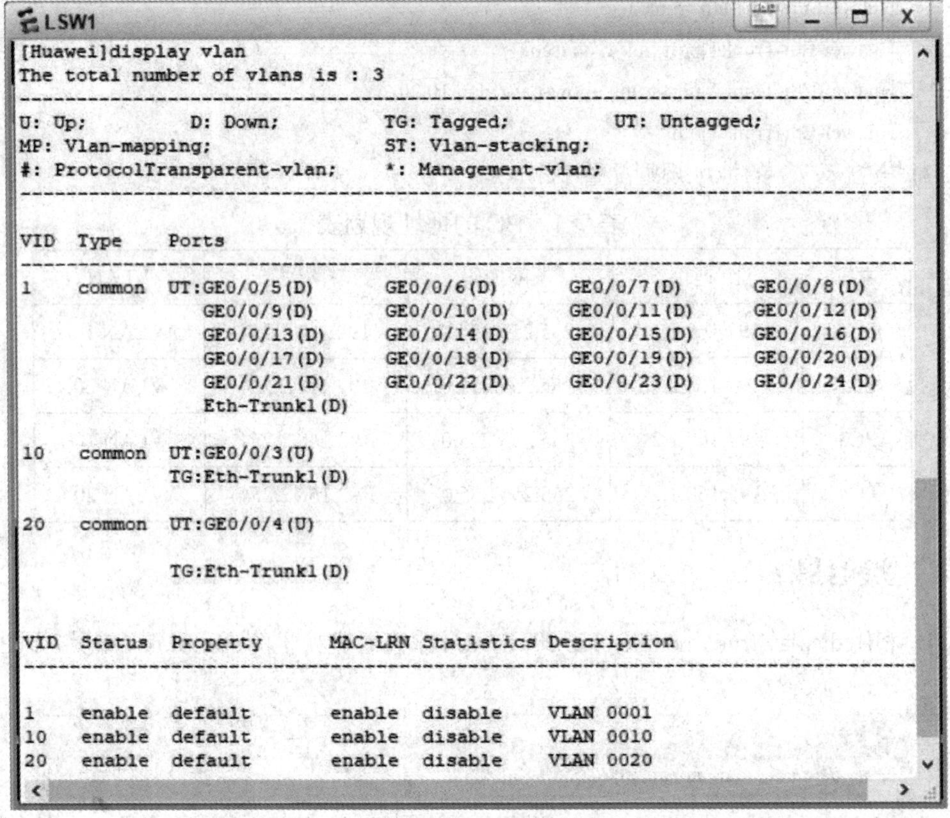

图 7.16　查看交换机 LSW1 的 VLAN 成员

(2) 验证 PC 之间的互通情况。如图 7.17 所示，PC1 和 PC3 都属于 VLAN 10，可以互通。PC1 和 PC2 属于不同的 VLAN，不能互通。

(3) 在交换机 LSW1 上做如下配置，可实现不同 VLAN 之间的互通，如图 7.18 所示。从图 7.19 和图 7.20 可以看出执行了 LACP 协议。

```
[Huawei]int vlanif 10
[Huawei-Vlanif10]ip address 192.168.1.254 24
[Huawei-Vlanif10]quit
[Huawei]int vlanif 20
[Huawei-Vlanif20]ip address 192.168.2.254 24
[Huawei-Vlanif20]quit
```

PC1

基础配置　命令行　组播　UDP发包工具　串口

```
PC>ping 192.168.1.2

Ping 192.168.1.2: 32 data bytes, Press Ctrl_C to break
From 192.168.1.2: bytes=32 seq=1 ttl=128 time=47 ms
From 192.168.1.2: bytes=32 seq=2 ttl=128 time=63 ms
From 192.168.1.2: bytes=32 seq=3 ttl=128 time=62 ms
From 192.168.1.2: bytes=32 seq=4 ttl=128 time=62 ms
From 192.168.1.2: bytes=32 seq=5 ttl=128 time=78 ms

--- 192.168.1.2 ping statistics ---
  5 packet(s) transmitted
  5 packet(s) received
  0.00% packet loss
  round-trip min/avg/max = 47/62/78 ms

PC>ping 192.168.2.1

Ping 192.168.2.1: 32 data bytes, Press Ctrl_C to break
From 192.168.1.1: Destination host unreachable
From 192.168.1.1: Destination host unreachable
From 192.168.1.1: Destination host unreachable
From 192.168.1.1: Destination host unreachable
From 192.168.1.1: Destination host unreachable

--- 192.168.1.254 ping statistics ---
  5 packet(s) transmitted
  0 packet(s) received
  100.00% packet loss
```

图 7.17　PC1 和 PC3 及 PC2 之间的通信

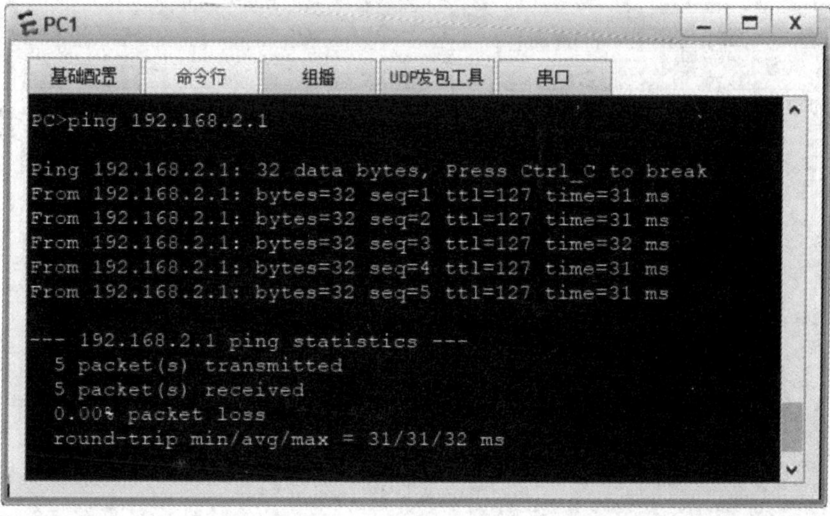

PC1

基础配置　命令行　组播　UDP发包工具　串口

```
PC>ping 192.168.2.1

Ping 192.168.2.1: 32 data bytes, Press Ctrl_C to break
From 192.168.2.1: bytes=32 seq=1 ttl=127 time=31 ms
From 192.168.2.1: bytes=32 seq=2 ttl=127 time=31 ms
From 192.168.2.1: bytes=32 seq=3 ttl=127 time=32 ms
From 192.168.2.1: bytes=32 seq=4 ttl=127 time=31 ms
From 192.168.2.1: bytes=32 seq=5 ttl=127 time=31 ms

--- 192.168.2.1 ping statistics ---
  5 packet(s) transmitted
  5 packet(s) received
  0.00% packet loss
  round-trip min/avg/max = 31/31/32 ms
```

图 7.18　PC1 和 PC2 之间的通信

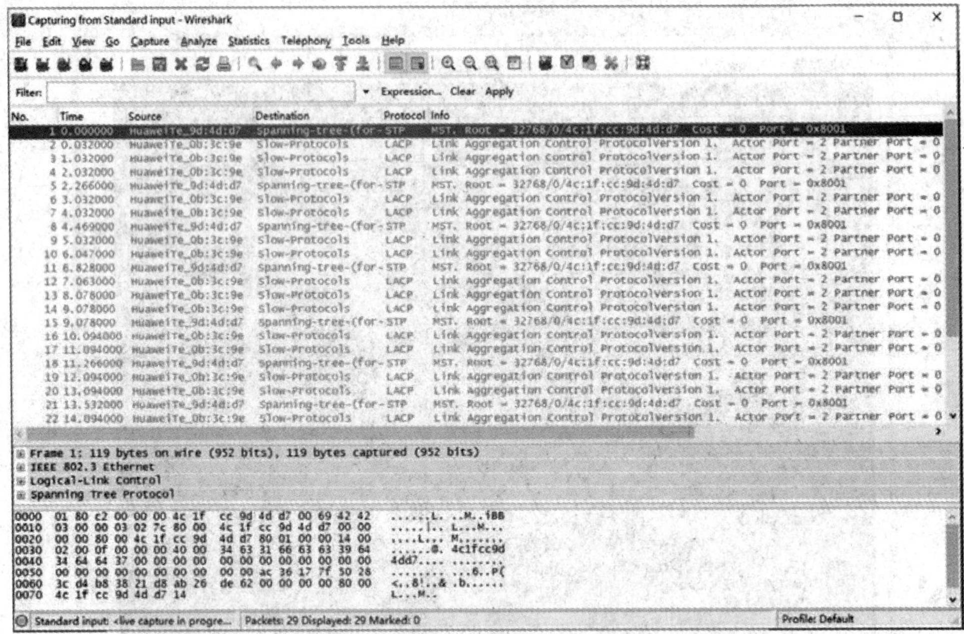

图 7.19　交换机 LSW1 接口 GE0/0/1 捕获的 ICMP 报文序列

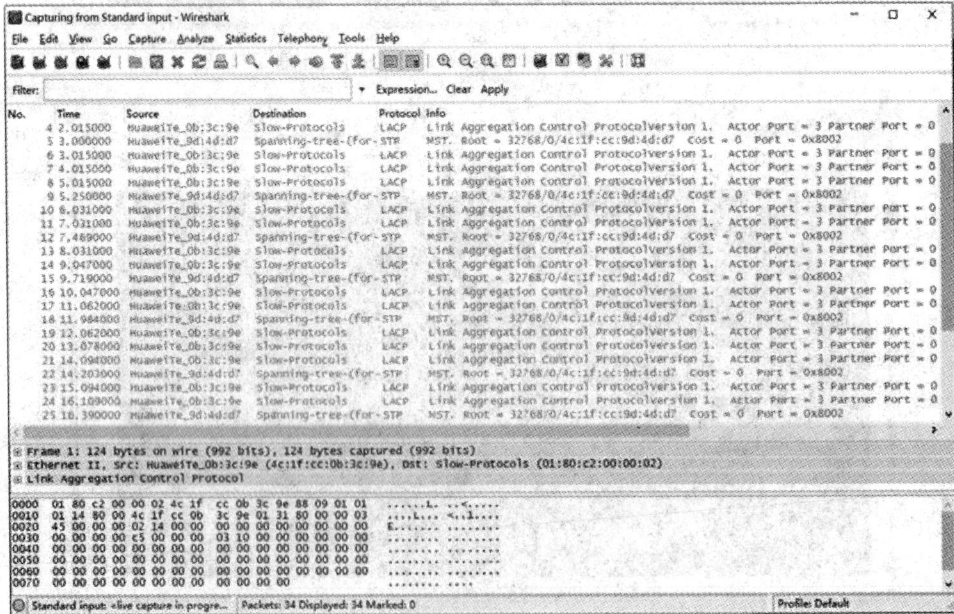

图 7.20

第 8 章　IPv6 协议

IPv4 协议最大的问题在于网络地址资源不足，严重制约了互联网的应用和发展。IPv6 协议是互联网工程任务组 IETF 设计的用于替代 IPv4 的下一代 IP 协议，与 IPv4 相比除了具有更大的地址空间之外，还拥有更快的路由机制、更好的业务性能以及更高的安全性优势。互联网数字分配机构 IANA 在 2016 年已向 IETF 提出建议，要求新制定的国际互联网标准只支持 IPv6 协议，不再兼容 IPv4。

8.1　IPv6 静态路由的配置

在 IPv6 协议中，静态路由的配置方法与 IPv4 协议类似，但是需要启动 IPv6 功能。如图 8.1 所示，两个路由器分别连接两个独立的局域网，设备 PC1、PC2 和 PC3、PC4 属于不同的局域网，通过配置实现这两个局域网设备之间 IPv6 分组的传输。

8.1.1　实验目的

(1) 掌握 IPv6 地址的表示方法；
(2) 掌握路由器配置 IPv6 静态路由的方法；
(3) 熟悉 IPv6 有关的配置命令；
(4) 验证 IPv6 网络的连通性。

8.1.2　实验原理

在系统视图下执行命令 ipv6，启动路由器转发 IPv6 单播分组的功能。在接口视图下执行命令 ipv6 enable 开启路由器接口的 IPv6 功能，并为路由器的两个接口配置 IPv6 地址和前缀长度。为路由表添加非直连网络的静态路由，将路由器与局域网相连的接口地址设置为设备的网关。配置静态路由的命令如下：

ipv6 route-static {*destination-network IPv6-address*} [*prefix-length*] {*next-hop IPv6-address*}

8.1.3　实验步骤

(1) 启动 eNSP，按照图 8.1 所示的网络拓扑放置和连接设备，并启动所有设备。

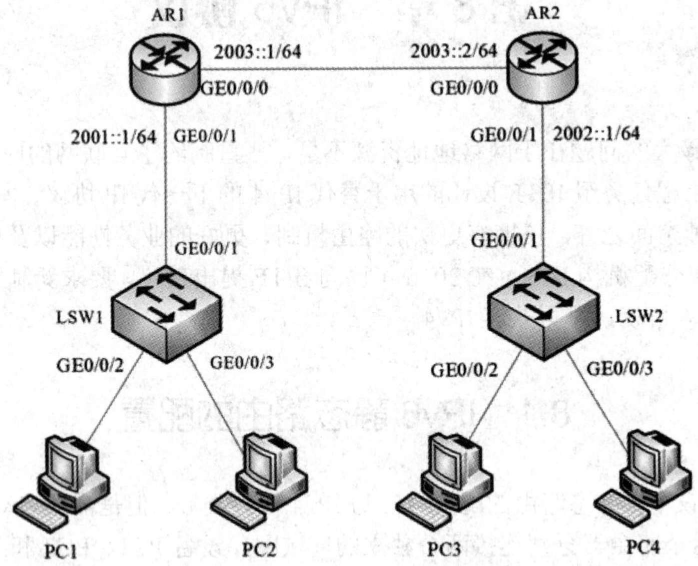

图 8.1　IPv6 静态路由拓扑图

(2) 路由器的配置。

① 路由器 AR1 的配置：

```
<Huawei>system-view
[Huawei]undo info-center enable
[Huawei]ipv6
[Huawei]interface GigabitEthernet0/0/0
[Huawei-GigabitEthernet0/0/0]ipv6 enable
[Huawei-GigabitEthernet0/0/0]ipv6 address 2003::1 64
[Huawei-GigabitEthernet0/0/0]quit
[Huawei]interface GigabitEthernet0/0/1
[Huawei-GigabitEthernet0/0/1]ipv6 enable
[Huawei-GigabitEthernet0/0/1]ipv6 address 2001::1 64
[Huawei-GigabitEthernet0/0/1]quit
[Huawei]ipv6 route-static 2002:: 64 2003::2
```

② 路由器 AR2 的配置：

```
<Huawei>system-view
[Huawei]undo info-center enable
[Huawei]ipv6
[Huawei]interface GigabitEthernet0/0/0
[Huawei-GigabitEthernet0/0/0]ipv6 enable
[Huawei-GigabitEthernet0/0/0]ipv6 address 2003::2 64
[Huawei-GigabitEthernet0/0/0]quit
[Huawei]interface GigabitEthernet0/0/1
[Huawei-GigabitEthernet0/0/1]ipv6 enable
[Huawei-GigabitEthernet0/0/1]ipv6 address 2002::1 64
[Huawei-GigabitEthernet0/0/1]quit
[Huawei]ipv6 route-static 2001:: 64 2003::1
```

(3) 根据表 8.1 的地址规划为 PC1～PC4 配置 IPv6 地址、网络前缀长度和 IPv6 网关，如图 8.2 所示。

表 8.1　PC 的 IPv6 地址规划表

主机	IPv6 地址	前缀长度	IPv6 网关
PC1	2001::2	64	2001::1
PC2	2001::3	64	2001::1
PC3	2002::2	64	2002::1
PC4	2002::3	64	2002::1

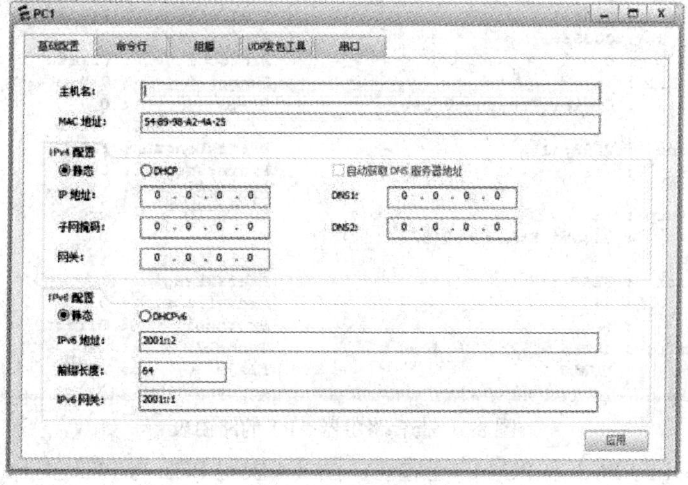

图 8.2　PC1 的配置

8.1.4　实验结果

(1) 使用命令 display ipv6 routing-table 查看 IPv6 路由表，从图 8.3 中可以看到有一条静态路由项。

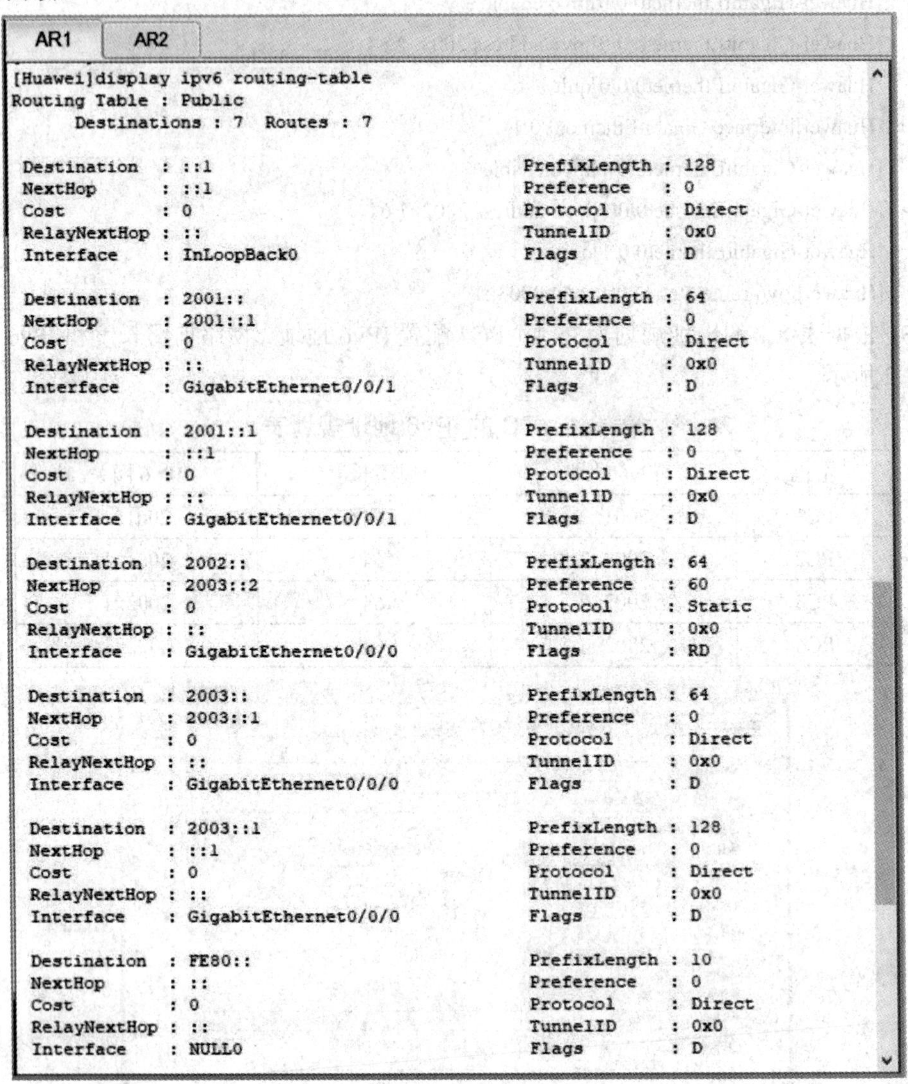

```
AR1    AR2

[Huawei]display ipv6 routing-table
Routing Table : Public
     Destinations : 7  Routes : 7

 Destination  : ::1                            PrefixLength : 128
 NextHop      : ::1                            Preference   : 0
 Cost         : 0                              Protocol     : Direct
 RelayNextHop : ::                             TunnelID     : 0x0
 Interface    : InLoopBack0                    Flags        : D

 Destination  : 2001::                         PrefixLength : 64
 NextHop      : 2001::1                        Preference   : 0
 Cost         : 0                              Protocol     : Direct
 RelayNextHop : ::                             TunnelID     : 0x0
 Interface    : GigabitEthernet0/0/1           Flags        : D

 Destination  : 2001::1                        PrefixLength : 128
 NextHop      : ::1                            Preference   : 0
 Cost         : 0                              Protocol     : Direct
 RelayNextHop : ::                             TunnelID     : 0x0
 Interface    : GigabitEthernet0/0/1           Flags        : D

 Destination  : 2002::                         PrefixLength : 64
 NextHop      : 2003::2                        Preference   : 60
 Cost         : 0                              Protocol     : Static
 RelayNextHop : ::                             TunnelID     : 0x0
 Interface    : GigabitEthernet0/0/0           Flags        : RD

 Destination  : 2003::                         PrefixLength : 64
 NextHop      : 2003::1                        Preference   : 0
 Cost         : 0                              Protocol     : Direct
 RelayNextHop : ::                             TunnelID     : 0x0
 Interface    : GigabitEthernet0/0/0           Flags        : D

 Destination  : 2003::1                        PrefixLength : 128
 NextHop      : ::1                            Preference   : 0
 Cost         : 0                              Protocol     : Direct
 RelayNextHop : ::                             TunnelID     : 0x0
 Interface    : GigabitEthernet0/0/0           Flags        : D

 Destination  : FE80::                         PrefixLength : 10
 NextHop      : ::                             Preference   : 0
 Cost         : 0                              Protocol     : Direct
 RelayNextHop : ::                             TunnelID     : 0x0
 Interface    : NULL0                          Flags        : D
```

图 8.3　查看路由器 AR1 的路由表

(2) 检查 PC1 与 PC3 及 PC4 的连通性，图 8.4 表明 PC1 与 PC3 及 PC4 可以互通。图 8.5 显示了在通信中 ICMPv6 报文传输的过程。

PC1

基础配置　命令行　组播　UDP发包工具　串口

```
PC>ping 2002::2

Ping 2002::2: 32 data bytes, Press Ctrl_C to break
From 2002::2: bytes=32 seq=1 hop limit=253 time=79 ms
From 2002::2: bytes=32 seq=2 hop limit=253 time=63 ms
From 2002::2: bytes=32 seq=3 hop limit=253 time=63 ms
From 2002::2: bytes=32 seq=4 hop limit=253 time=94 ms
From 2002::2: bytes=32 seq=5 hop limit=253 time=62 ms

--- 2002::2 ping statistics ---
  5 packet(s) transmitted
  5 packet(s) received
  0.00% packet loss
  round-trip min/avg/max = 62/72/94 ms

PC>ping 2002::3

Ping 2002::3: 32 data bytes, Press Ctrl_C to break
From 2002::3: bytes=32 seq=1 hop limit=253 time=94 ms
From 2002::3: bytes=32 seq=2 hop limit=253 time=78 ms
From 2002::3: bytes=32 seq=3 hop limit=253 time=78 ms
From 2002::3: bytes=32 seq=4 hop limit=253 time=78 ms
From 2002::3: bytes=32 seq=5 hop limit=253 time=78 ms

--- 2002::3 ping statistics ---
  5 packet(s) transmitted
  5 packet(s) received
  0.00% packet loss
  round-trip min/avg/max = 78/81/94 ms
```

图 8.4　PC1 与 PC3 及 PC4 的连通性测试

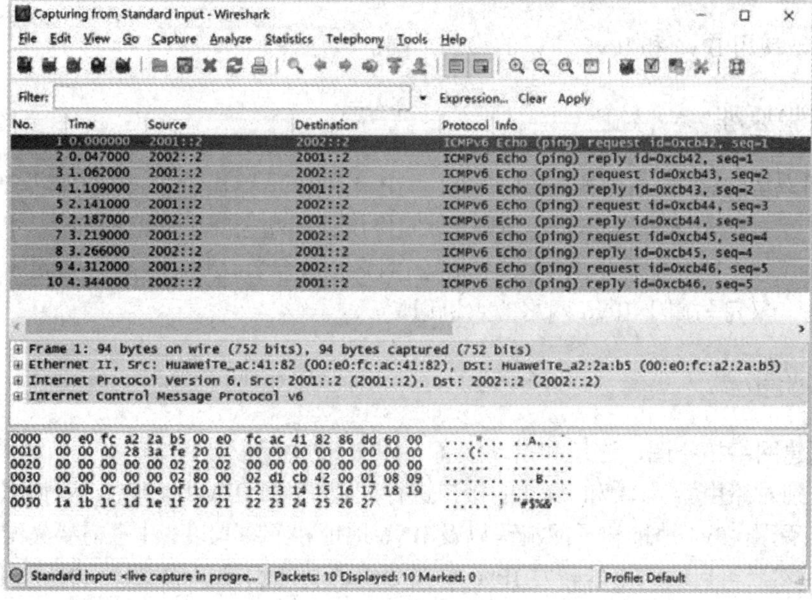

图 8.5　路由器 AR1 接口 GE 0/0/0 捕获的 ICMPv6 报文序列

8.2　双协议栈的配置

IPv6 不可能在短期内立刻替代 IPv4，因此在相当一段时间内 IPv4 和 IPv6 会共存。要提供平稳的转换过程，使得对现有的使用者影响最小，就需要有良好的转换机制。IETF 推荐了双协议栈、隧道技术以及网络地址转换等转换机制。

双协议栈机制就是使 IPv6 网络节点具有一个 IPv4 栈和一个 IPv6 栈，同时支持 IPv4 和 IPv6 协议。IPv6 和 IPv4 是功能相近的网络层协议，两者都应用于相同的物理平台，并承载相同的传输层协议 TCP 或 UDP。如果一台主机同时支持 IPv6 和 IPv4 协议，那么该主机就可以和仅支持 IPv4 或 IPv6 协议的主机通信。如果这台设备是一个路由器且不同接口上分别配置了 IPv4 地址和 IPv6 地址，则说明它很可能分别连接了 IPv4 网络和 IPv6 网络。网络服务商在网络全部升级到 IPv6 协议之前将支持双协议栈的运行。

8.2.1　实验目的

(1) 熟悉 IPv6 地址和前缀长度的配置；

(2) 掌握路由器接口配置 IPv4 和 IPv6 两种协议时的 IP 地址、子网掩码或前缀长度的方法；

(3) 验证使用 IPv4 和 IPv6 协议的终端之间的连通性。

8.2.2　实验原理

在使用双协议栈时，路由器需要分别启动 IPv4 和 IPv6 路由进程，分别建立 IPv4 和 IPv6 路由表，独立实现不同协议的路由。使用不同协议的终端之间不能互相通信，但是如果主机支持双协议栈，同时配置了 IPv4 和 IPv6 的网络相关参数，则它既可以与属于 IPv4 网络的主机通信，又可与属于 IPv6 网络的主机通信。

8.2.3　实验步骤

(1) 创建网络拓扑图，连接和启动设备，如图 8.6 所示。

(2) 分别对路由器 AR1 和 AR2 的接口进行配置。由于 IPv4 和 IPv6 两种协议共存，因此需要同时配置 IPv4 地址和子网掩码以及 IPv6 地址和前缀长度。注意需要先配置 IPv4 的有关参数，然后再启动路由器转发 IPv6 单播分组的功能和接口的 IPv6 功能。地址信息配置完毕之后需要添加静态路由信息。

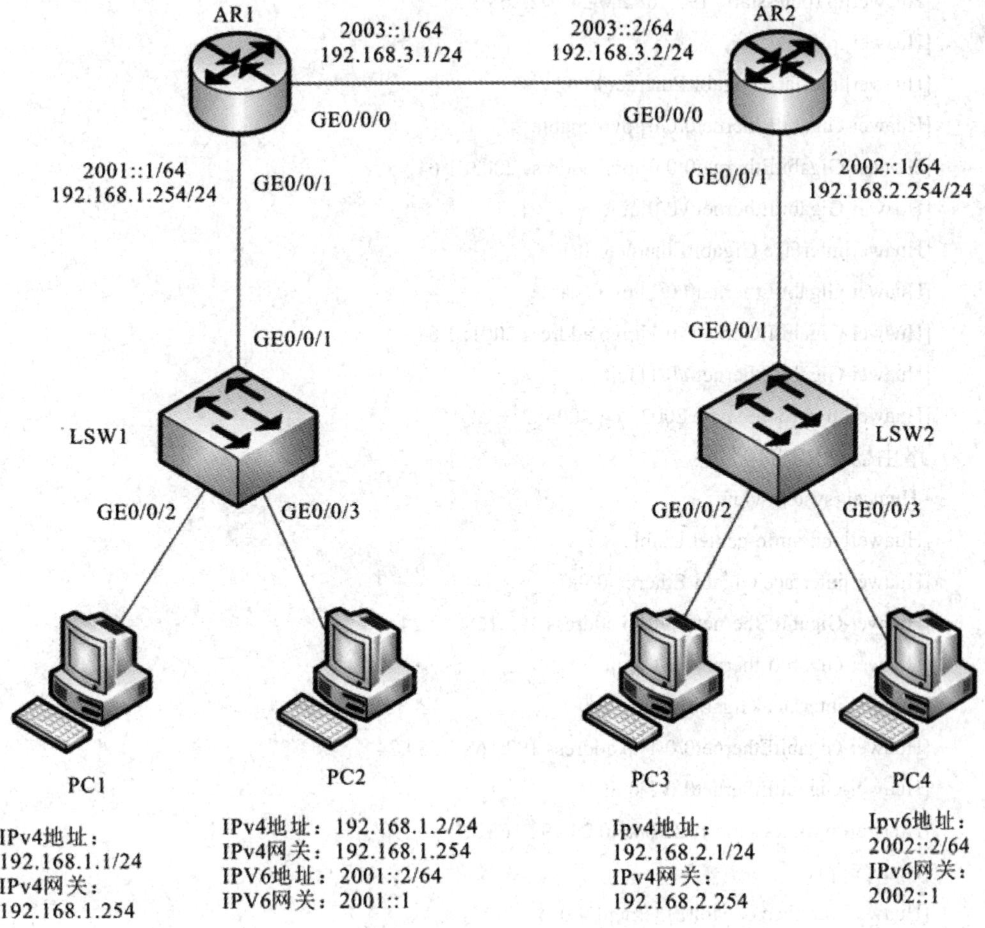

图 8.6　双协议栈网络拓扑图

① 路由器 AR1 的配置：

```
<Huawei>system-view
[Huawei]undo info-center enable
[Huawei]interface GigabitEthernet0/0/0
[Huawei-GigabitEthernet0/0/0]ip address 192.168.3.1 24
[Huawei-GigabitEthernet0/0/0]quit
[Huawei]interface GigabitEthernet0/0/1
[Huawei-GigabitEthernet0/0/1]ip address 192.168.1.254 24
[Huawei-GigabitEthernet0/0/1]quit
```

```
[Huawei]ip route-static 192.168.2.0 24 192.168.3.2
[Huawei]ipv6
[Huawei]interface GigabitEthernet0/0/0
[Huawei-GigabitEthernet0/0/0]ipv6 enable
[Huawei-GigabitEthernet0/0/0]ipv6 address 2003::1 64
[Huawei-GigabitEthernet0/0/0]quit
[Huawei]interface GigabitEthernet0/0/1
[Huawei-GigabitEthernet0/0/1]ipv6 enable
[Huawei-GigabitEthernet0/0/1]ipv6 address 2001::1 64
[Huawei-GigabitEthernet0/0/1]quit
[Huawei]ipv6 route-static 2002:: 64 2003::2
```

② 路由器 AR2 的配置：

```
<Huawei>system-view
[Huawei]undo info-center enable
[Huawei]interface GigabitEthernet0/0/0
[Huawei-GigabitEthernet0/0/0]ip address 192.168.3.2 24
[Huawei-GigabitEthernet0/0/0]quit
[Huawei]interface GigabitEthernet0/0/1
[Huawei-GigabitEthernet0/0/1]ip address 192.168.2.254 24
[Huawei-GigabitEthernet0/0/1]quit
[Huawei]ip route-static 192.168.1.0 24 192.168.3.1
[Huawei]ipv6
[Huawei]interface GigabitEthernet0/0/0
[Huawei-GigabitEthernet0/0/0]ipv6 enable
[Huawei-GigabitEthernet0/0/0]ipv6 address 2003::2 64
[Huawei-GigabitEthernet0/0/0]quit
[Huawei]interface GigabitEthernet0/0/1
[Huawei-GigabitEthernet0/0/1]ipv6 enable
[Huawei-GigabitEthernet0/0/1]ipv6 address 2002::1 64
[Huawei-GigabitEthernet0/0/1]quit
[Huawei]ipv6 route-static 2001:: 64 2003::1
```

(3) PC 的配置。根据表 8.2 为 PC1 和 PC3 分别配置 IPv4 地址和网关，为 PC2 配置 IPv4 和 IPv6 两种协议的网络参数，PC4 则只配置 IPv6 的地址信息。

表 8.2　PC 的地址规划表

	IPv4 协议栈		IPv6 协议栈	
	IPv4 地址	网关	IPv6 地址	IPv6 网关
PC1	192.168.1.1/24	192.168.1.254		
PC2	192.168.1.2/24	192.168.1.254	2001::2/64	2001::1
PC3	192.168.2.1/24	192.168.2.254		
PC4			2002::2/64	2002::1

8.2.4　实验结果

(1) 分别查看路由器 AR1 的 IPv4 和 IPv6 路由表，如图 8.7 和图 8.8 所示。

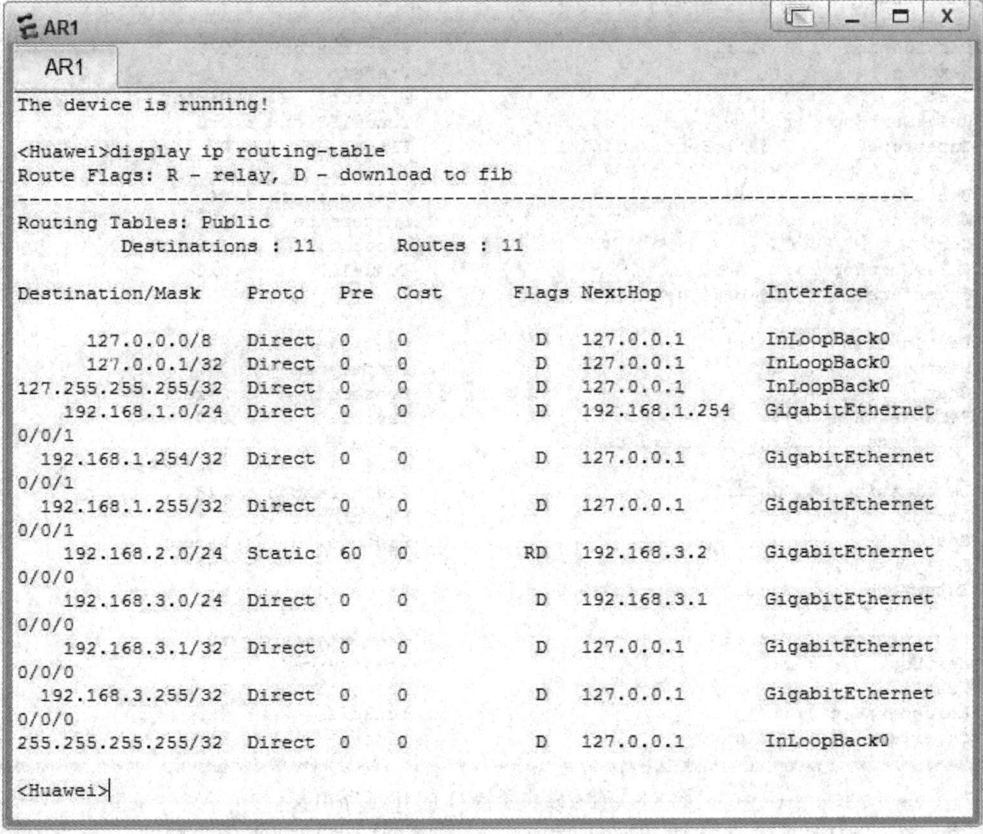

```
AR1
The device is running!

<Huawei>display ip routing-table
Route Flags: R - relay, D - download to fib
------------------------------------------------------------------------------
Routing Tables: Public
         Destinations : 11       Routes : 11

Destination/Mask    Proto   Pre  Cost      Flags NextHop         Interface

      127.0.0.0/8   Direct  0    0           D   127.0.0.1       InLoopBack0
      127.0.0.1/32  Direct  0    0           D   127.0.0.1       InLoopBack0
127.255.255.255/32  Direct  0    0           D   127.0.0.1       InLoopBack0
    192.168.1.0/24  Direct  0    0           D   192.168.1.254   GigabitEthernet
0/0/1
  192.168.1.254/32  Direct  0    0           D   127.0.0.1       GigabitEthernet
0/0/1
  192.168.1.255/32  Direct  0    0           D   127.0.0.1       GigabitEthernet
0/0/1
    192.168.2.0/24  Static  60   0          RD   192.168.3.2     GigabitEthernet
0/0/0
    192.168.3.0/24  Direct  0    0           D   192.168.3.1     GigabitEthernet
0/0/0
    192.168.3.1/32  Direct  0    0           D   127.0.0.1       GigabitEthernet
0/0/0
  192.168.3.255/32  Direct  0    0           D   127.0.0.1       GigabitEthernet
0/0/0
255.255.255.255/32  Direct  0    0           D   127.0.0.1       InLoopBack0

<Huawei>
```

图 8.7　查看路由器 AR1 的 IPv4 路由表

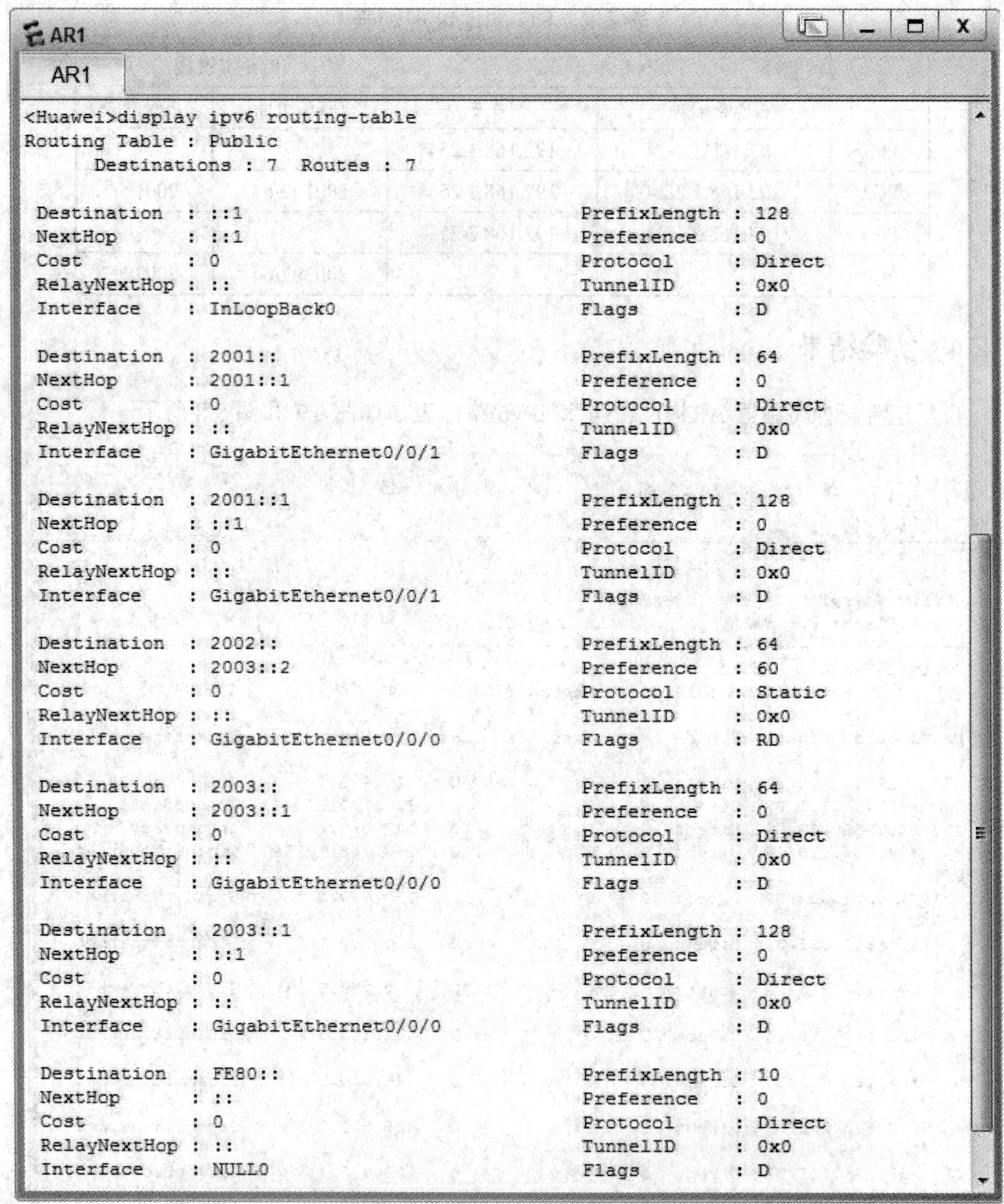

图 8.8　查看路由器 AR1 的 IPv6 路由表

(2) 验证配置了 IPv4 协议的 PC1 可以与 PC3 通信，但是不能与仅配置了 IPv6 协议的 PC4 通信，如图 8.9 所示。图 8.10 表示配置了双协议栈的 PC2 可以同时与 PC3 和 PC4 通信，图 8.11 为 PC2 与 PC3 和 PC4 通信时路由器 AR1 接口 GE0/0/0 捕获的数据报文，可以看出有 ICMP 和 ICMPv6 两种报文类型。

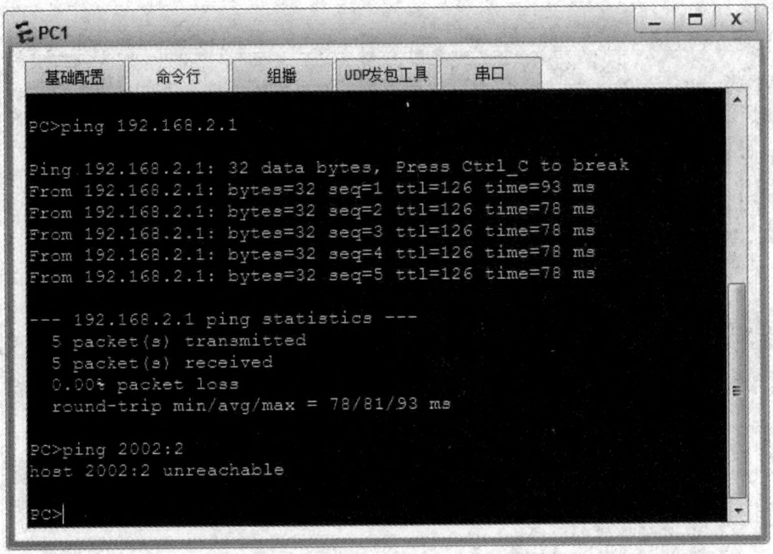

PC1

基础配置　命令行　组播　UDP发包工具　串口

```
PC>ping 192.168.2.1

Ping 192.168.2.1: 32 data bytes, Press Ctrl_C to break
From 192.168.2.1: bytes=32 seq=1 ttl=126 time=93 ms
From 192.168.2.1: bytes=32 seq=2 ttl=126 time=78 ms
From 192.168.2.1: bytes=32 seq=3 ttl=126 time=78 ms
From 192.168.2.1: bytes=32 seq=4 ttl=126 time=78 ms
From 192.168.2.1: bytes=32 seq=5 ttl=126 time=78 ms

--- 192.168.2.1 ping statistics ---
  5 packet(s) transmitted
  5 packet(s) received
  0.00% packet loss
  round-trip min/avg/max = 78/81/93 ms

PC>ping 2002:2
host 2002:2 unreachable

PC>
```

图 8.9　PC1 与 PC3 及 PC4 之间的通信

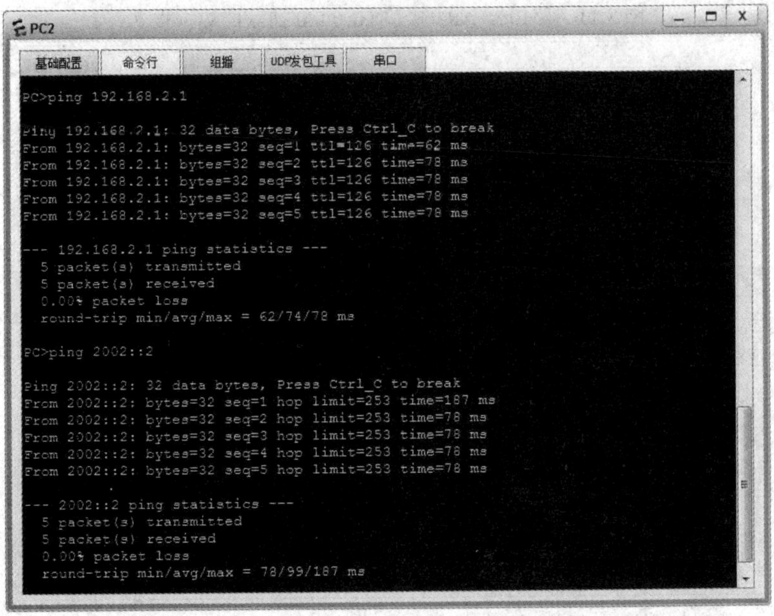

PC2

基础配置　命令行　组播　UDP发包工具　串口

```
PC>ping 192.168.2.1

Ping 192.168.2.1: 32 data bytes, Press Ctrl_C to break
From 192.168.2.1: bytes=32 seq=1 ttl=126 time=62 ms
From 192.168.2.1: bytes=32 seq=2 ttl=126 time=78 ms
From 192.168.2.1: bytes=32 seq=3 ttl=126 time=78 ms
From 192.168.2.1: bytes=32 seq=4 ttl=126 time=78 ms
From 192.168.2.1: bytes=32 seq=5 ttl=126 time=78 ms

--- 192.168.2.1 ping statistics ---
  5 packet(s) transmitted
  5 packet(s) received
  0.00% packet loss
  round-trip min/avg/max = 62/74/78 ms

PC>ping 2002::2

Ping 2002::2: 32 data bytes, Press Ctrl_C to break
From 2002::2: bytes=32 seq=1 hop limit=253 time=187 ms
From 2002::2: bytes=32 seq=2 hop limit=253 time=78 ms
From 2002::2: bytes=32 seq=3 hop limit=253 time=78 ms
From 2002::2: bytes=32 seq=4 hop limit=253 time=78 ms
From 2002::2: bytes=32 seq=5 hop limit=253 time=78 ms

--- 2002::2 ping statistics ---
  5 packet(s) transmitted
  5 packet(s) received
  0.00% packet loss
  round-trip min/avg/max = 78/99/187 ms
```

图 8.10　PC2 与 PC3 及 PC4 之间的通信

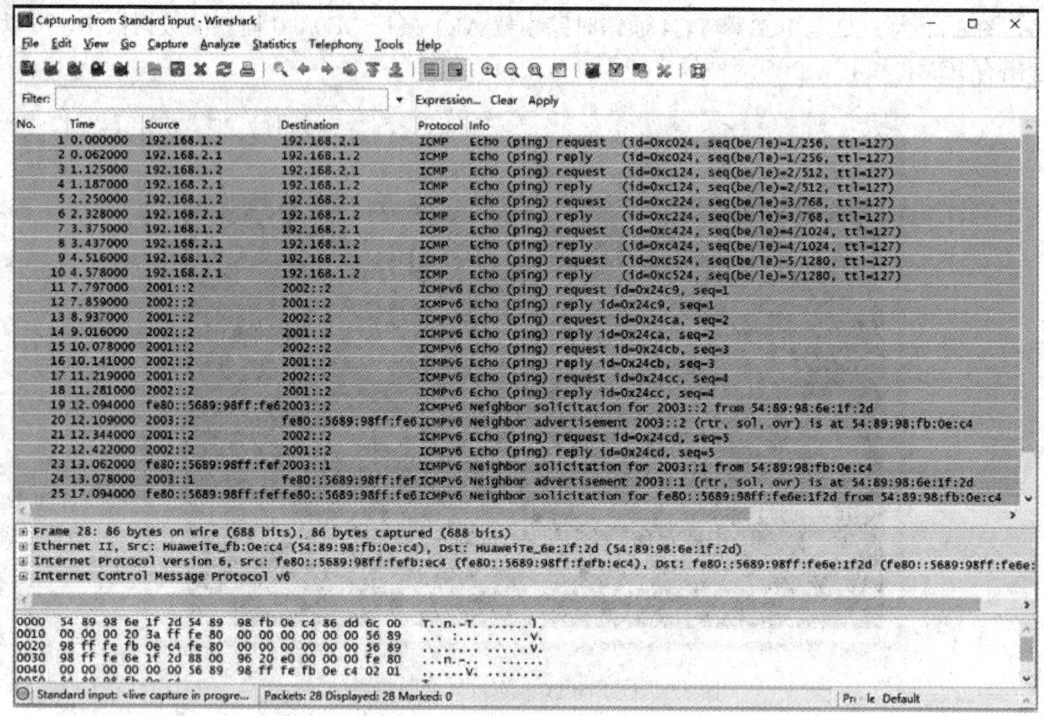

图 8.11　路由器 AR1 接口 GE0/0/0 捕获的数据报文

参 考 文 献

[1] 沈鑫剡，俞海英，许继恒，等. 路由和交换技术实验及实训：基于华为 eNSP[M]. 2 版. 北京：清华大学出版社，2020.

[2] 沈鑫剡，俞海英，胡勇强，等. 网络技术基础与计算思维实验教程：基于华为 eNSP[M]. 北京：清华大学出版社，2020.

[3] 孟祥成. 计算机网络基础实训教程：基于 eNSP 的路由与交换技术的配置[M]. 北京：北京邮电大学出版社，2018.

[4] 朱麟，刘源. H3C 路由与交换实践教程[M]. 北京：电子工业出版社，2018.

[5] Chris Sanders. Wireshark 数据包分析实战[M]. 2 版. 北京：人民邮电出版社，2018.

[6] 张东亮. 路由交换技术详解与实践(第 1 卷) [M]. 北京：清华大学出版社，2017.

[7] WILLIAM S. Data and Computer Communications[M]. 北京：电子工业出版社，2014.

[8] BEHROUZ A F. Data Communications and Networking[M]. 北京：机械工业出版社，2013.

[9] 郭雅. 计算机网络实验指导书[M]. 北京：电子工业出版社，2012.

[10] 常晋义，袁宗福. 计算机网络基础实验与课程设计[M]. 南京：南京大学出版社，2011.

[11] 张选波，吴丽征，周金玲. 设备调试与网络优化[M]. 北京：科学出版社，2009.

[12] 梁广民，王隆杰. 思科网络实验室路由、交换实验指南[M]. 北京：电子工业出版社，2007.

[13] 高峡，陈智罡，袁宗福. 网络设备互连[M]. 北京：科学出版社，2005.